打造成功企業的秘訣

的秘訣

劉曉荻 雪青 編著

崧燁文化

目　錄

秘訣一　學會營銷，讓公司的商品更暢銷

　　成功的企業家，在市場經濟大潮中一定是憑藉實力與智慧而獨占鰲頭的大家，是能很好地適應和融入市場的高手。這裡有沒有你的身影？你是否願意參與其中？打造成功的企業，首先，你必須學做一名市場營銷專家，讓你公司的產品暢銷。

　　你能在公平的市場上隨心所欲、縱橫馳騁嗎？

　　究竟有沒有現代企業營銷密碼？

　　——這是你必須要知道的。

一、平凡人的創業路

　　縱橫商場，是否你必須要有極高的天分與顯赫的家世呢？看看患有閱讀障礙症的保羅·奧法裡是怎樣帶領金考公司走向成功的，你可以體會到每一個平凡的人都可以有自己的精彩。

　　保羅·奧法裡二年級時考試沒及格，上到高中後，學校的副校長告訴他母親：「也許保羅該去學習怎樣鋪地毯。」現在看來，他的天賦的確是在其他方面。1970年，被確診患有閱讀障礙症的保羅·奧法裡在聖巴巴拉開了一家複印店。當時這個不足9平方米的店面在一個賣漢堡的亭子旁邊。他給這家店取名為金考。這個名字源於大學期間同學們因為他一頭捲曲的紅髮而給他起的外號。

　　今天的金考公司在全球擁有1200多家店面，年營業收入達到20億美元。2004年，公司被聯邦快遞收購。在奧法裡任職期間，

金考公司連續三年被《財富》評為最適宜工作的公司之一。100多位他以前的同事和合作夥伴現在都是百萬富翁。2000年，奧法裡退休了。他還出了一本介紹他白手起家成功經驗的書，名字就叫《跟我學》。奧法裡在他的書中講述了他走過的不平凡的創業之路。

奧法裡開店是源於他大二時做論文。

「論文完成的那天，我手裡拿著論文來到了大學的複印中心。一到那兒，我就發現了一個比論文有趣得多的東西：複印。這時正是1970年的春天，人們正忙著複印大量為審判連環殺人犯查爾斯·曼森而準備的法律文件。」

1970年秋天，奧法裡在大學附近租了一家店面，面積只有9平方米。

「當時我還只是個南加州大學的學生，但我就是無法擺脫這種開店的想法。租金是100美元一個月，可是空間太小了，以至於需要第二臺複印機的時候，我們不得不把它拉到街邊去，顧客們就在店外面複印。我的藝術家朋友在櫃臺周圍的牆上畫了一系列美人魚圖案。她們上身穿著星光閃閃的比基尼，而臉和髮型看起來就像瑪麗蓮·夢露。」

學會放權

從金考開業的第一天起，奧法裡就在盡力「下崗」。幾年之後，當金考建立了幾個分店並且開始運營之後，他真正下定了決心要放權給別人。他適時地讓別人找不到自己，以避免埋頭於公司每天日常瑣碎事務中。

後來，只要在辦公室的時候，奧法裡就奉行「關門」政策。

「最近，在企業首席執行官當中很流行誇耀他們的『開門』政策——他們怎樣早上七點鐘就到辦公室，在辦公桌前吃午餐，而且直到傍晚才會離開。這真瘋狂。他們什麼時候才有時間放鬆下來做一些思考呢？哪有時間去散步或者產生奇思妙想呢？」

「在隨後幾年裡，我瞭解公司業務的另一種方法是走出辦公室。我的工作時間有規律可循，大概有三週的時間出差，接著有三週的時間在總部的辦公室。在出差的時間裡，我到過中國很多地方。出行有幾點好處。首先就是讓我遠離總部辦公室，這樣其他人就可以自由地做自己的工作了。表示你信任別人的最好方式，就是別去管他們。我發現第一週沒有人相信我是真的走了。到了第二周，我的同事們就慢慢習慣了我不在。到了第三週，他們就能獨立完成所有工作了。有時候我回到辦公室，會發現自己有點多餘，因為我不在的時候一切都運轉得非常好。另外，對我來說也很重要的就是，我發現離開總部讓自己脫離日常的瑣碎工作，從而有了空間去領悟，去獲得靈感或者去改革創新。跟『首席執行官』相比，我更喜歡『首席空想家』這個頭銜。不斷地改變，符合我的性格，同時也激發了我的創造力。這在辦公室裡是根本辦不到的。」

我不是老闆

「在櫃臺後面終日忙碌的員工，才是金考公司真正的英雄。他們每天都上演著英雄事跡，從事著需要極大耐心、單調乏味但又非常重要的工作。沒有他們，公司就什麼都沒有。我不是老闆，他們才是。員工對工作的認真態度是至關重要的，因為在金考公司，最完美的關係就是員工與顧客之間的關係。顧客走進店的時候又疲勞又困惑，是金考的員工解決了他們的問題。對於這種關係，我還能說些什麼？什麼都不用。多說無益。我知道我不能妨礙他們。我妻子對於管理下了一個我聽過的最精闢定義。她說：「管理的目的就

是要消除障礙。

「這裡的秘密在於，我們都覺得自己才是老闆，但這純粹是胡扯。如果你不知道到底是誰在經營你的企業，你可以這樣想，一個工作態度糟糕的員工會：（1）偷錢或者偷產品；（2）在工作的時候混時間；（3）破壞你與顧客之間的關係；（4）破壞其他人的士氣。所以，如果你認為自己才是公司的頭，那麼請你再好好想想。你的員工才是真正運營企業的人。」

在打造一家企業的同時，我們也是在建立一個大家庭。

二、成功推銷的訣竅

總會有人在擋你的道

大多數握有採購大權的主管，每天都會接到無數電話、e-mail、信件，不是推銷服務就是兜售商品，或是求見以便當面簽訂單。這些人為了節省時間、避免麻煩，都僱有秘書，以作為擋箭牌。秘書接到陌生電話總是千篇一律地詢問：「請問您有什麼事，可不可以先告訴我？」

心虛的推銷員不敢說明真正來意，電話中常說：「這是私人的事」或「這是我和他的秘密，希望和他面談」，緊接著留下電話號碼及姓名，希望對方回電。試想，對方會回電嗎？電話號碼及姓名鐵定被丟到垃圾桶了。

要突破秘書擋駕的關卡，千萬別以「私事」、「秘密」等藉口來矇騙秘書，要記住，秘書的工作是用來過濾不必要的電話，以節省主管的時間，這是秘書的主要工作。主管有多少「秘密」，和什麼人交往，難道秘書不知道嗎？要想成功推銷，這裡提供幾個有效

的方法供您參考。

破解訣竅

1‧打電話之前，收集客戶及當事人的詳細資料

瞭解客戶，預知客戶最關心的話題以及該公司目前的狀況，例如，該公司的擴充計劃，目前項目的執行狀況、銷售狀況、人事變動等等，並且設身處地地思考你所提供的服務或產品，如何協助對方解決問題或是提高效率。當你有這些資料在手上時，就可以大大方方地告訴秘書說：「我曉得貴公司目前正在快速擴充產能，我所提供的服務剛好可以協助貴公司節省至少 30 天以上的時間，請將這個技術上的突破轉告吳經理，我期望能在最近前往貴公司做一個詳細的說明......」

2‧提供有益的幫助，而不是推銷自己

開門見山地說：「我是某某公司的技術代表，希望把一種最新的技術提供給貴公司參考，請問吳經理是否有空聽一聽？」秘書小姐一定說：「吳經理正在開會。」這時候，請記住，別勉強她，你可以再度強調這種新技術可以提高良品率 15%，每年可以節省浪費至少 500 萬元等等實質利益，而這些實益正是對方所喜歡聽的，那麼，你留下電話及姓名才可能得到回應。

3‧準備吃閉門羹

並不是所有秘書都有商業上的敏感，不要期望他們對你的說法會有積極的響應，她們常常會說：「經理正在開會」、「經理出差」、「他有重要的事與總經理商談」。碰到這類軟釘子千萬不要放棄，可以稍後再打電話，也可以問經理什麼時候會回來，你也可以寫 e -mail 給他，或是等秘書下班之後再打電話。

4 · 和秘書建立友誼

展現你的親和力，雖然你是推銷公司產品，但是請記住，先把你自己推銷給秘書，然後才有機會推銷你的產品，所以你不妨和秘書建立起友誼，再一步步敲開公司的大門。

與客戶溝通難

業務人員每天都面對形形色色的客戶，會遭受各種各樣的拒絕，意志力薄弱的業務員常常就此意志消沉而打退堂鼓。有人說，業務人員每天最常聽到客戶的話是「不要」，不要被「不要」嚇倒，因為「不要」兩個字暗藏玄機，只要你努力把「不要」的「不」字拿掉，客戶就會說：「要」！換個角度來看，「不要」其實是達到「要」的一個過程。要想成為一名成功的業務員，就一定要有足夠的勇氣去接受「不要」的事實，仔細分析一下，「不要」兩個字，客戶是用什麼方法來表達的，然後採取相應的對策。

破解訣竅

1 · 請你將資料寄來，我好好研究一下

這種拒絕的方法最高明，讓你覺得希望無窮，其實這樣的說法客戶傳達給你的訊息是：我懶得聽你囉嗦，寄資料來吧！我要掛電話或把你支開了！資料寄到後，你再打電話過去，對方會推說：「沒收到！」然後你又寄一次，他又會回答你說沒收到，直到你放棄為止。

試試出其不意的方法，當對方說沒收到的時候，你確定他在辦公室，將資料直接送上門，讓對方措手不及，爭取見面的機會。

2・對不起，我們向某某公司購買了

這種客戶更狠，要你死了這條心，乾脆就說已經是你的競爭者的客戶了。面對這種關門的拒絕，很多業務員就不敢再打電話或登門拜訪了。姑且不論事實如何，老道的業務員絕不因此氣餒，他們會婉轉地告訴對方說：「沒關係，你跟某某公司購買，但是你可以把我們的產品當作備用，萬一對方來不及供貨，我們也樂意為您服務。」或者說：「多參考一家競爭者嘛！畢竟同業為了爭取您的生意，總會提供更優惠的條件及價格，為了節省開支，請給我3分鐘，我會讓您降低成本。」

3・你的價格太高了

這種客戶已經有了先入為主的觀念，總以價格來嚇唬你，很多業務人員不明就裡，於是打退堂鼓，回到公司向主管抱怨價格太貴，並要求公司降價。你的價格真的比競爭者高嗎？何不問問看到底高出多少？假如一個相差五元的產品，何不檢查一下，五元的差價到底在產品本身以及服務上有何差異？然後再計算一下，多了五元，所獲得的品質及服務，是否物超所值？

4・我們過去曾買過，但是很不滿意

這是客戶最不給面子的說法，很多業務員聽了就發抖，不敢提出反駁，對方咄咄逼人的說法，令業務人員幾乎沒有招架的力量。靜下心來想一想，客戶不滿而且願意講出來，其實並不壞，把對方不滿的原因徹底做個瞭解，傾聽對方的抱怨，業務員將不滿反映回公司，並且做適當的補救。

聆聽抱怨之後，告訴對方，公司已經有了措施或改善的方法，藉機做個完整的解釋，勇敢面對問題，有助於化冤家為親家。

三、成功營銷金點子

金點子一

1．你的客戶不能無利可圖

服務客戶的背後存在著一個現實的問題：如何把客戶變成有利可圖的客戶？管理上常用 80/20 原則分析客戶，獲得結論是：80% 的業績來自 20% 的客戶，所以很多企業都認為，妥善照顧那 20% 的客戶，就可高枕無憂了。但是，事實往往更殘酷，企業的利潤來源可能要遵循 90/10 的原則，也就是說，10% 的客戶貢獻了 90% 的利潤。這種現象說明了一個事實，很多客戶雖然有生意的往來，但是交易額太低，其他的服務項目一樣不能少，所以雖有生意，但銷售成本太高；有些客戶雖有交易，但價格太低，幾乎接近成本，也一樣無利可圖；有些客戶要求的技術支持，消耗了技術部門的大部分人力，以技術成本來計算，這種客戶也無利可圖。

雖說做生意不能太現實，但是利潤是一家企業生存的關鍵因素，不能只求銷售金額的提高而忽略了利潤的追求。管理大師彼得·杜拉克曾說，銷售額提高的同時，卻發現利潤下降的情況，這時候的企業就是患了肥胖症，很多經營上的問題會漸漸浮現，造成企業的衰敗。他又說，假如一家企業的營業額下降，而利潤也同時下降的話，這家企業就是患了癌症，其危險的程度可想而知。

那麼問題是如何改善獲利率呢？從業務推銷員的角度應如何改變這種狀況，在不減少客戶的條件下如何提高獲利率？檢討你所銷售的產品：很多客戶承襲過去的交易習慣，購買公司一些冷門產品，這些冷門產品市場規模不大，但是，公司為了維持供應該類產品，所以無法獲取利潤。這時候的業務員應該與客戶深入探討該產品是否可有替代品，能否改用其他類似產品，或是轉用其他供貨商。這樣，不但可以服務客戶，而且能夠刪除無利可圖的商品，對於簡化產品線有實質性的幫助。

2．讓你的客戶有利可圖

（1）改變服務人員

倘若發現無利可圖的客戶，但又不能放棄這些客戶的話，可以把資深推銷員或是業績較好的推銷員手上那些無利可圖的客戶改由新任的推銷員負責，一則是給新來的推銷員磨煉的機會；再則是新來的推銷員薪資較低，請他們來服務的話，可以讓資深的推銷員專門服務獲利較佳的客戶，為公司創造利潤。

（2）客戶的知名度

很多知名企業的採購量不大，但是利用他們的知名度可以協助推銷其他的客戶，這種客戶雖不能獲利，但是保有他們卻可以發揮廣告宣傳的效果，對公司來說很有價值。

（3）客戶具有開發新市場的效應

有些成長中的客戶因為採購量不大，所以無利可圖，但是卻可以透過服務該客戶的過程，學習如何開拓新領域的市場，避免客戶過度集中於某一種產業。對於分散客戶若具有學習效果者，仍可留下來，否則應設法刪除該客戶，以改善獲利率。

雖說客戶得來不易，但是無法獲利的客戶，耗費了公司的資源與人力。對這些客戶應該好好地篩選一下，以免費盡心力，賠本賺吆喝，那就划不來了。

金點子二

1．把客戶當上帝

推銷員的好壞只是一線之隔，好的推銷員把客戶當上帝。

推銷員靠客戶維持業績，什麼樣的業務推銷人員才能和客戶維

持長久的關係，創造源源不絕的業績呢？

2·實實在在尊重上帝

（1）把客戶當上帝看待沒有客戶就沒有業績，沒有業績就沒有事業，這是人盡皆知的事實。推銷人員仰賴客戶的訂單，因此為了維持訂單源源不斷，就必須要滿足客戶的各種需求，透過供應有形商品或無形服務來達成。試想，沒有了客戶哪有訂單呢？瞭解這樣一個簡單道理，就自然會對客戶提供好的服務，於是推銷人員就會絞盡腦汁去滿足客戶，做好服務工作。

（2）動動腦筋，想出服務的好點子

經常詢問客戶有沒有遭遇到新的挑戰。諸如新產品的開發問題、客戶對於產品的新需求、生產上的技術需要突破的瓶頸、市場上的競爭狀況和競爭優勢何在，甚至直接詢問客戶我們的產品有哪些需要改進的地方等來滿足對方的需求。雖然客戶可能會提出一些棘手的難題，但是，當客戶願意告訴你的時候，就表示你與客戶的關係已經更上一層樓了。假如你能夠為他解決難題，那麼，彼此的關係就不同凡響。

（3）培養忠實客戶

留住一位老顧客的代價，僅是開發一位新顧客的五分之一，因此，動動腦筋思考如何留住老顧客才是省力氣的方法。維護老客戶的關係，需要制定一套獎勵忠誠的辦法。例如每年舉辦客戶回饋方案，按照交易金額的多寡，給予相當的酬賞；為了獎勵經銷商，按營業額獎賞或是提供出國旅遊；有些工業品的銷售，則以提供技術顧問服務，舉辦技術研討會，提供免費樣品作為銷售支持，或是配發公司股票以為獎勵。

業務推銷人員是公司和客戶的溝通橋樑，推銷人員將公司的產品特性介紹給客戶，並將客戶的問題帶回公司，讓客服部、開發部

去研發新產品，為客戶解決生產設計上的問題，重新設計及研發新的產品來服務客戶。

把滿足客戶需求當成是你的主要任務，具備這種服務的心態，在客戶把你當成是問題的解決者時，你與客戶的關係，就邁入了夥伴關係，而不只是買賣關係。

金點子三

1. 入叢林，尋找目標

推銷人員就像叢林中的獵人一樣，到處尋找目標，希望一網成擒。

農夫的收成靠過去的努力耕耘與播種，細心呵護作物的成長，時時注意病蟲害，噴灑農藥，適時收割。同樣，獵人帶了弓箭槍支，隨時站在最有利的位置，等待獵物的出現，瞄準目標，一槍擊中目標，而湖邊或江上的釣客，備好魚兒喜歡的釣餌，靜坐岸上，等待魚兒上鉤，期待釣得滿簍歸。

業務推銷人員像農夫一樣，勤於耕耘客戶以期豐收；更像獵人一樣，要隨時注意潛在客戶的浮現，以便手到擒來，業務源源不斷；又像釣客，茫茫人海中，準備好產品的推銷說詞，提供最好的銷售條件，希望客戶拱手將貨款送上，做成一筆又一筆的生意。

農夫、獵人、釣客都有成套的方法，那麼業務推銷人員該用什麼方法來達成持續不斷的銷售業務呢？

2. 編一張叢林中的網

（1）編織人際關係網

推銷靠人脈，推銷人員必須心中具備一套編織人際網的計劃，

例如：①銷售完成時，請客戶推薦他的親朋好友或同業異業的事業夥伴，由此廣搜潛在客戶的名單。②參加婚喪喜慶活動的時候，多多認識會場中的共同朋友，由此拓展人脈，交換名片建立關係。③參加研討會、協會、學會等會議時，可以認識很多有相同興趣或不同背景的人，經由交流，可獲得各種人際網絡。每次參加前要先做心理準備，計劃認識多少人，必要的時候，取得一份參加者的名單。

（2）循線擴充人脈

經由上述關係獲得接觸的機會之後，接下來就是經營關係。把上述的名單拿來深入經營，以獲得更多的接觸人，每一個人背後所蘊藏的力量極為豐沛，他所服務的公司、家庭、朋友參加的協會、職業團體以及他周圍的人物都有成串的人脈待你去開發。

（3）創造令人印象深刻的形象

人海中匆匆相逢，交換名片，往往未能給對方留下深刻印象，所以你自己必須自我檢討，如何在短短的一兩分鐘內做自我介紹，讓對方認識並瞭解你，而且留下深刻印象。簡短的自我介紹，讓對方知悉你的特點，留下一個人際關係的掛鉤，好讓對方自動找上你，或是當你打電話聯絡時，對方能夠馬上想起你。為了達到這樣的目的，你必須將你的專業、過去的榮譽、現在的成就讓對方聽了之後印象深刻，而且能夠激發聯想的作用，這樣的掛鉤，才會將人脈串聯起來。

（4）以服務潤滑彼此關係

認識對方之後，延續關係、提供服務讓對方進一步瞭解你的專長，例如寄贈一份你所推銷商品的資料文獻，以加深對方的瞭解。很多畫家寄贈他的畫冊，其中詳載他的得獎記錄，彰顯他的成就；很多人寄贈對方自己的著作，或是報章雜誌上的專文介紹。這些都

是加深彼此關係的有效做法。很多推銷人員更將他所推銷的商品或服務提供對方免費使用的機會，以加強關係。

（5）珍惜及培育新關係

每一次認識的新朋友，以尊崇對方的態度相對待，必得對方相等的回報，在心理上把對方當成是一位值得尊敬的大人物來互動，必得對方的接受。因此，展開培育新關係的活動，千萬不要急於馬上獲得回報，所謂放長線釣大魚的道理，就是好好培養關係，對方才會放鬆戒備，久而久之，才會跟你站在同一陣線，為你拓展業務。

四、創意營銷猛點子

這是一種大膽組合、炒作趣味、立即變現，既可增加營收，又能樂在其中的營銷手法。猛點子營銷既能讓你樂在其中，又能引起客戶注意賺到大錢，因為你做事的方式和其他人比起來顯得新鮮。猛點子營銷根植於下列五大基本概念。

五大基本概念

1．為每個營銷計劃想出真正出其不意的點子

想清楚自己到底從事哪種行業，做些能跟自己行業契合且又好玩、古怪的事。即使是最平淡的工作，也可以花點心思添加令人驚奇的成分，使自己與競爭對手有明顯區隔。允許自己有找樂子的空間，顧客會為此愛死你。

2．每次做廣告都要有實質回收

絕不為形象而做廣告，應該評估每則廣告所產生的效果。廣告

賺錢就繼續登，廣告未能達到預期銷售成果就立刻改進，然後不斷修改，直到效果出現為止。廣告要能邊賣商品邊打形象，而不是打好形象再開始賣東西。

3．別老擔心觸及率或頻次等問題，要追求全面掌控能否在觸及率達百萬人次的主要行銷媒體刊登廣告，一點也不重要，重要的是可以掌控那些最有可能成為客戶的人所使用的媒體。觸及率較小，卻讓人印象深刻，遠比讓數百萬人看過就忘掉好得多。

4．絕不採用平淡無奇的銷售手法

有些時候，生活平淡可能是件好事，但絕不包括銷售。相反地，要有驚人之舉，要讓所有人都抬起頭注意你。如果甘於平淡，就無異開門揖敵，讓競爭對手迎頭趕上，以出其不意的手段奪走顧客。

5．保持「異想天開」的念頭，並相信自己的銷售手法是同業中最棒的盡己所能，使這個念頭變成現實。

營銷猛點子就是為銷售注入熱情、原創性與創造力，且只有增加營收一個目標，而不是為了贏得廣告大獎或做些迎合大眾的廣告。要成為猛點子營銷者，就得引人注目，備受重視。有時這會令人心情振奮，有時則會非常不愉快，但卻永遠不會感到無聊。想出的點子越猛，就越有機會找到真正足以帶領組織或公司邁向新高點的策略。

猛點子營銷17項基本法則

1．如果不願在營銷過程中冒險，就乾脆當個財會人員。

2．制定高目標帶來的進步空間自然會比制定低目標來得大。

3．以猛點子做營銷，努力突破限制，其實一點都不冒險。

4．只要能正確辨識從事的行業，就可贏得營銷頭彩。

5．開始煩惱管理或產品問題前，先檢討營銷小組。

6．模仿市場領導者，無非只是擴大那些領導者的主導權。

7．當大好良機出現時，即使沒有安全網，也要立刻跳上去。

8．養成習慣，每6個月就擬一套全新的營銷方案。

9．支持在公司內培養點子王的觀念。

10．永遠記住，總有些人願意花更多的錢，去迎合這些人。

11．所有廣告都必須有效果，爭取到更多顧客後，再打造形象。

12．一開始就利用頭條新聞或次要新聞推動買氣。

13．別擔心市場占有率，把焦點放在主導市場上。

14．不論喜歡或願意與否，都必須全力做到差異化。

15．每天都要問自己：「我今天做了什麼可以替公司賺錢的事？」

16．想創造出其不意的效果，必須敦促員工真正做到猛點子思維方式。

17．以變化多端、差異化、異想天開等方式，拼貼營銷宏圖。

五、建立推銷信心小妙方

來自客戶的挫折，最容易使你喪失信心而打退堂鼓。具備堅強的鬥志，永恆的信心，挑戰困難的決心，才能贏得客戶信賴，但如

果你很難順利地克服了困難而成就推銷的業績，建議做如下的簡單操練，可收到維持高昂戰鬥力的效果。

妙方如下，簡單操練

1‧隨時尋找協助

謙虛求教的態度，最容易獲得意想不到的結果，向客戶求教，客戶會跟您站在同一陣線，為你思考解決之道。假如不這麼做，反過來向客戶推銷你的產品如何好，客戶一聽，在心理上會產生防衛心理，你的推銷必然受到阻礙。除了向客戶求教之外，你也要向你的主管求教。你所不能的地方，正是主管要協助你的地方，當主管提供你意見時，應注意聆聽，找出他話中的創意，仔細推敲，用於推銷，事後再向主管檢討請教，你一定可以從主管的經驗中吸取到精華。

2‧為自己設定小目標

剛開始，千萬不要期望獲得大訂單，達成公司為你設定的目標。把目標降低最容易達到，只要將一個目標分解成為很多個小目標，然後逐一完成，就是目標的完成。例如，你可以設定拜訪客戶時，每天至少和二位潛在客戶見到面，交換名片，這樣的目標很容易達成。當達成之後，再設定下一個目標，如和他見面商談五分鐘，事前規劃談話內容，並瞭解對方的需求。在推銷過程中，設定很多小目標，逐一達成的時候，你就獲得了信心，並且養成對推銷工作的熱忱態度。

3‧花些時間找一位工作上的教練

針對工作上的問題，請主管擔任你的教練，或是找一位推銷的前輩擔任你的推銷教練，將成敗的原因做一分析，請求教練提供意

見，就對與錯的地方進行討論，看看教練所建議的方法或推薦的推銷技巧，在實際使用後的補充意見。這樣持之以恆，你的推銷技巧必能精進。

4．為自己的成功慶賀

用「設定目標之後很快就達成」的成功事例激勵自己，不妨為自己慶祝一下，例如邀請一位最好的朋友共進午餐，或請同事吃pizza，這種慶祝除了讓他們分享自己的喜悅之外，也可以擴充你的交際網絡。如果你簽了個大單，那麼可以買個平時最想要的一件東西，例如一支高級的名筆，一塊造型新穎的手錶，或是一件高級襯衫，這些「奢侈」的獎品是最好的激勵，配戴這些名品，更能彰顯你的品位，塑造你的形象。

六、明明白白四分法

什麼是四分法

在日常工作中常會遇上複雜的狀況，要我們做判斷或選擇，或是想把一個複雜的觀念傳遞給他人時，很多時候在分析和表達上會遇到一些困難，這時如果用四分法作為處理工具，一些很複雜的問題也會迎刃而解了。

那麼什麼是四分法呢？四分法就是將你認為最重要的因素，先選出兩項，依其相對屬性兩兩組合，這樣你就可得到四個組合，而後再分析各個組合對於你的不同意義，進而決定採取什麼樣的行動或對策。這種分析法就是四分法，也有人稱之為矩陣法。

比如營銷學中最為常用的「產品組群分析」。取兩個市場的重要因素「成長率」及「占有率」，依高低分層次，而得到四個組

合，對於各個不同的組合自然應採取不同的營銷策略：

A類產品屬「明星」產品，應積極開拓、改良產品，提高生產力，穩固占有率。

B類產品屬「現金牛」產品，應加強研究開發，領導價格，鞏固市場優勢為先。

C類產品屬「問題」產品，應擴大投資，強化競爭力，進可攻退可守。

D類產品屬「狗」產品，可用專精的特定市場區別策略繼續存在市場，或是要抽身引退、放棄市場。

再如，陸軍野戰元帥馮·曼斯坦將軍（1887-1973）在評論德國軍官時曾說過一段發人深省的話：「軍官只有四種：第一種是又懶又笨的，不要管他們，他們沒有害處。第二種是聰明又努力的，他們是優秀的，懂得謹慎考慮每個需要的細節。第三種是愚笨，但卻是很努力，他們是團隊的威脅必須立刻解職，因為他們替所有的人製造出額外的工作。最後一種是聰明的懶惰蟲，他們最適合最高的職位。」

曼斯坦將軍對軍官類型的劃分就是應用的典型的四分法。應用於人員管理，我們在工作中要注意那些愚蠢但努力的員工，他們常是成事不足、敗事有餘的麻煩製造者，必要時真的是予以剔除。而聰明的懶惰蟲，正是那些懂得授權，放下自己的聰明，讓部屬聰明地為他做事的大智若愚的高明主管。

四分法的實際運用

用人、授權是安排他人各施所長來工作，而主管人員總是要有需自己親歷親為之事。此時，你必須懂得對事情依其輕重緩急做分

類，這樣才能在有限的時間內做好該做的事，而不會瞎忙一氣。用四分法來幫助解決忙的問題，可以用重要和緊急兩個因素來做分析：

A類：重要又緊急的事，這是要立刻處理的，如不及時處理，事情就會嚴重化，主管的重責就是處理這類事情，例如：現金缺口、品質出現問題、停機、趕船期、出事故等，但如果這類事情太多，讓主管像救火員一樣整天窮於應付，每天都有火要滅，那不是這個主管有問題就是這個組織的運轉有差錯，所以做主管的應思考如何減少這類事情。

B類：不重要但又緊急的事，它的緊急性都是被強加賦予出來的，既然不重要，其實不理它也無所謂，但是不理它就會引起無謂的困擾或麻煩，大部分的主管多在這方面浪費大部分時間，例如上級交辦的公事或私事、不重要的電話或議而不決的檢討會以及協調會等。有時大家表面都很忙，但都是無效的忙，為了騰出時間，對於這種事應採取快速處理方式，如長話短說或請助理代為出席會議等方式來解決。

C類：重要又不緊急的事，也就是重要但又允許主管慢慢費心思量、好好策劃的事，這才是主管工作的重心。應該把大部分的精力、時間用在這方面，這方面做得好，A類的工作自然就會減少，而且效果才會顯現。例如品質提升、生產力提高、顧客滿意度上升、市場占有率擴大等，這些都需要主管好好去規劃執行。

D類：不重要又不緊急的事，也就是每天在身邊發生，不能免俗的一些無謂的瑣事，例如工作場合中的流言、是非、口角、小報告或是小金額採購、核銷等事，可以把它暫時擱置，等待A、B、C類的事都處理後，再集中一次處理，不但節省時間，而且可避免寶貴的時間被切割成許多小片段，而不能集中精力去好好做A、B類的事。

如果能夠把手中的事用這種方法一一檢視，讓我們知道別把所有的「事」皆以「事」看待，而能區分什麼是重要的少數，什麼是不重要的多數，什麼是可緩，什麼是不可緩，做到古人所說的「物有本末，事有始終，知所先後則近道矣」，從辛苦的「事倍功半」轉變為輕鬆的「事半功倍」。

在運用此法時要注意的是，輕重緩急的定義要與上級期望的相一致，而部屬也是用同樣的定義在做判斷，否則極可能發生「你急的部屬不急、你緩的上級不緩」，這樣就會讓事態更嚴重，不可不慎。

學會了四分法，今後遇到困惑、複雜的事，就提起筆用四分法做分析，相信你將會很容易瞭解狀況、掌握重點，並作出最佳決策。

七、出奇致勝破死棋

傳統思考模式讓你誤入「死棋災區」

美國一位坦克部隊的司令官吉姆·裴尼斯曾率領手下的坦克部隊參加美軍部隊訓練中心舉行的多兵種演習。在演習中，裴尼斯注意到一個很奇怪的現象：在模擬進攻中，某些地方已經成為陣亡區，坦克只要經過必死無疑，但是有些部隊司令官明明看到其他部隊已「罹難」，卻仍指揮坦克駛入這些陣亡區。當時許多停於四處、已宣告「陣亡」的坦克讓路面變得窒礙難行，但他們仍設法擠進去作無謂的犧牲，裴尼斯將這些區域稱為「死棋災區」。

商業行為上有許多類似的死棋，它們往往來自傳統的思考模式，結果誤導了經營決策。那麼，怎樣才能像成功的坦克指揮官一

樣，避免重蹈覆轍，將業績遠遠帶離陣亡區呢？

借力使力的合氣道營銷法

當博弈雙方捉對廝殺時，彼此很容易陷入「當局者迷」的處境，唯有站一邊看棋的人能做到旁觀者清，商場上的拚搏就很需要這種跳脫出僵化格局的思緒，彷彿施展金庸筆下的「乾坤大挪移」功夫，借力使力，化解蠻力。

有段相聲說：三家商店都想吸引顧客進自家店裡，左側商店率先在門前掛起「大拍賣」的廣告；右側的商店不甘示弱，門前也貼出了「大降價」的標語；只見中間的商店不慌不忙地亮出四個大字「入口在此」。無獨有偶，這種乾坤大挪移還真有類似的情形發生在美國。1995年，北卡羅來納州的夏洛特市的兩家電視臺 WBTV 和WSOC，慣常以摸彩兌獎的手法提高收視率，吸引觀眾打開電視，看看自己的號碼有沒有中獎。不久，這兩家電視臺陷入不可避免的困境：送出去的獎金必須比對方高。此時，第三家電視臺 WCNC採取了另一種定位，它沒有送任何獎金，只播出那兩家電視臺的中獎號碼，沒花一分錢，收視率提高了83%。西方學者形容 WCNC善用了合氣道營銷法（Aikido Marketing），避開以正面交鋒，利用敵手之力從中得到好處。

直到 20世紀中葉，遊樂園推崇的還是雲霄飛車、摩天輪與可愛的旋轉木馬，千篇一律的遊樂設備卻反而讓迪斯尼樂園的創辦人沃爾特·迪斯尼生出這樣的感嘆：「陪伴孩子們到遊樂園時，我常坐在長凳上，邊吃花生米邊想，真氣人！為什麼沒有一個比較好的地方，可以讓我和小孩一起玩呢？」這番期許最終使迪斯尼樂園從夢想變成了現實。

摘采受光面的果實

有一個類似腦筋急轉彎的有趣問題：兩只腳走路的老鼠是「米老鼠」，那麼用兩只腳走路的鴨子是什麼？如果回答唐老鴨，表示陷入了迪斯尼的範式中，正確回答應是所有鴨子都用兩只腳走路。答錯者，可說是將過新的思考模式套在傳統框架中，結果仍不合情理。這類「範式轉移（Paradigm Shift）」的思維，也讓人易聯想到「不創新，便等死」的商業警語，雖時尚，不過它亦有盲點。

走在時代尖端的消費者，幾乎都會購買新型的家電用品，將這些新式小家電看成是位於低處的水果，因摘採較為容易，所以易取得這些思想前衛者的鈔票和信任。但這個理論在果農看來並不正確，如果先摘採較低處水果，那麼逐步往上採收時，農夫們就必須背著沉重的布袋，而且位於高處的水果較能接受到陽光，所以會較早熟，應該先摘采才對。這個大自然的農事經驗也可以推演到商業應用上。像新型手機的早期使用者，都是時髦一族，叛逆的個性勢必需索無度，因此只會期待產品更花哨、更繁複，廠商若要滿足其要求，投入的研發成本便是沉重負擔。這種不斷擴張產品的策略，容易犯軍事上「戰線拉得太長，補給不及」的錯誤，換句話說，就是野心過大會陷入貪於「大小通吃」，到頭來卻「一無所獲」的死棋。

銷售的最大目標就是將產品帶到大眾市場，讓每個人都來購買。但革新式的產品要達到這個階段就很艱辛，因為它們太專注於譁眾取寵的效果，很難全面滲透至大眾市場，結果是來得快，去得也快。通常適合大眾市場的並非位於低處的水果，可能向陽面的高處水果才是廣受歡迎的成熟之物。可見市場上，如何摘採商品果實是門學問，一味搶新、搶鮮，甚至貪圖立即打盡所有市場的散彈式策略，其實充滿了危險。產品創新是爭一時，讓產品能持續暢銷則

是爭一世，一時與一世間的取捨，考驗著企業的智慧。

造新瓶裝舊酒

談到如何讓舊東西仍永保銷售佳績，聞名全球的聯合利華企業，旗下的產品立頓紅茶的推出就很有妙招。由於茶包是以茶渣為內容物，一向被道地的品茶族所排斥。為吸引臺灣消費者青睞，1997年，聯合利華研發出三角立體茶包，內裝一片片捲過的烏龍茶、文山茶或花茶，一旦泡了開水，該立體茶包便會鼓脹起來，裡頭一片片茶葉也舒展成原形，非常符合喜愛中國茶的臺灣人口味，一年便創下 3億多新臺幣的營業額，市場占有率超過50%，甚至搶走了老牌天仁茗茶的風采。

立頓採取變換產品造型的策略，秉持「人有我優」的形式創新，在既有的產品和服務基礎上加工改良。可見，要想對產品銷售有所變革以達到標新立異的效應，不一定要棄老巢築新巢，憑著營銷創意來造新瓶裝舊酒，也能鎖定特殊市場區域，規避死棋，開啟新局。

反其道而行的手機干擾業

約旦國王阿卜杜拉向任職於影像感應系統公司的舊識抱怨，當他在清真寺祈禱時，常被身後的手機鈴聲打擾，於是他建議該公司研發一種能阻止手機響鈴的產品。有趣的是，這種建議彷彿發揮了命令般的威力，影像感應系統公司很快就在兩週內為國王製造出產品原型。

隨著新科技普及於日常生活，雖然越來越多厭惡遭受新科技騷擾的民眾刻意干擾手機收訊極具道德爭議，但從約旦的清真寺到美

國娛樂集團的董事會場，企業和個別公民已經等不及政府做出行動，各種針對手機幹擾的新科技紛紛問世。「人正我反」的商戰思維，亦不失為出奇致勝的博弈險招。

根據部分業界人士的猜想，手機幹擾業的營業額成倍增長，Blue Linx公司正在研發一種能自動關閉手機鈴聲的儀器。該公司預計產品推出後，大約能賣出 100 萬個單位，目前至少有美國兩家大型連鎖電影院和許多現場表演的劇院預先訂購該產品。而華盛頓州的 Zetron 公司近來就慶祝該公司的手機幹擾產品推出四週年，至於前述的影像感應系統公司，也已接到來自全球的 5000 筆訂單。可見與市場背道而馳的策略，有時還真能盤活商業死局。

創造差異，反將一軍

儘管產品日新月異，然而市面上仍存在一些讓人感到數十年如一日的東西，如果商家此時能採取「人跟我異」的變革觀念，則可打開對峙僵局，一掃商戰棋局陷於沉悶的困境。Extra 無糖口香糖就是基於這種理念而上市的。其開發要點在於人們吃完食物後，口中的酸性物質容易造成蛀牙，嚼無糖口香糖可以中和口中的酸性，對於注重牙齒保健的人應有一定的吸引力。於是隨著 Extra 的問世，無形中將口香糖劃分成「含糖」與「無糖」兩種市場。如此便可巧妙地避開與市場主力箭牌口香糖的正面衝突，從消費者可能具備的潛在需求切入，借產品差異化來攬獲生意。

有趣的是，如果箭牌口香糖的競爭者早早想到這一步棋，並以此差異化策略側翼攻擊箭牌，將會出現高水平的激烈競爭，奈何它的對手根本沒想到這一步，反倒是箭牌本身具備了相當的憂患意識，趕在競爭者出招前，在商戰棋局上佈下天羅地網，率先推出 Extra，讓對手徒然扼腕嘆息。就營銷思維來看，這符合了開闢新

戰場的競爭原則，在各商家未能注意的角落，另闢一條獲利之路。

八、十大銷售技巧

一項調查顯示，商家因為顧客對服務不滿而損失的營業額約有三成，也就是說，這些一線服務人員的服務態度，不僅關係到整體的銷售業績，還深深影響到企業形象的塑造，可見銷售第一線的服務訓練一點都不能輕忽。為此，有關專家總結歸納出以下十大銷售技巧。

知道顧客真正想要的東西

服務人員要想探知顧客想要購買的商品為何，可從與顧客的對話，以及顧客對商品的關注程度來推斷顧客想要買的商品。千萬不要一味推銷特定商品，以免造成顧客反感。只有觀察到顧客的需求重點，才能增加銷售的機會。

服務人員的儀容整齊清潔

第一線服務人員的儀容是商店給顧客的第一印象。除了架上商品、店面環境清潔外，一位穿著合宜、整潔的服務人員，給人的感官視覺會很清新。而一個滿是胡碴、蓬亂的頭髮、服裝褶皺不堪的服務人員，容易給人留下店面不清潔的負面印象。為了企業的整體形象，許多連鎖店對服務人員的服裝要求制度化，透過統一制服來塑造企業整體形象，形成另一種統一美，表現商店的個性，還意味該商店提供統一的服務。

順從顧客意見，解決顧客抱怨

每一位服務人員都難免會遇到挑三挑選四、態度不佳的顧客，但是基於公司的規定「顧客永遠都是對的」，當碰到唆的顧客時，要學習耐心的對待，久而久之，累積了不同類型的顧客經驗之後，面對任何一種客人都不會有問題。顧客抱怨的處理也是服務人員必要的訓練，認真傾聽顧客的抱怨，從一開始就順從顧客的意見，是解決顧客抱怨的不二法門。

對所有顧客都一視同仁

有些服務人員依顧客的外表來評斷購買能力，這是不對的。因為他這一次只買了 500 元的商品，並不代表他只有 500 元的購買力，也許下次他會買 5000 元以上的商品，誰都無法預測。以平等的態度對待所有的顧客是顧客服務的基本原則，明顯的待遇差別會使其他顧客感覺不愉快，下次他們不會再到你們的商店消費，有可能因此損失一位好顧客。

不要同時接待兩位以上的顧客

同時接待很多顧客讓服務人員應接不暇是令很多商店頭痛的問題，經常會發生接了新顧客的要求後，上一個顧客的需求被冷落的現象，這對先來的顧客不公平。最好的做法是事前做好出貨順序的規劃，尤其是餐飲業，有人負責點菜、有人負責出貨，外帶另有他人負責，否則很難應付一時湧入的人潮。專櫃的銷售人員最好的做法是：請求其他同事的支持，以免造成顧客「我不被重視」的壞印象。

選擇正確的服務時機

這裡所說的服務時機是：在準備促進買氣的環境中，等待為顧客服務的機會。有些商店的服務人員採取的是緊逼盯人的服務方法，從顧客進門開始就隨侍在旁，或者是目不轉睛地盯著顧客看，這樣只會引起顧客的反感。正確的做法應該是面帶微笑歡迎顧客光臨，暗中觀察顧客的舉動，發現顧客有感興趣的商品時，立刻趨前服務，探詢顧客進一步的需求為何。接近顧客的時機因商品的不同而需要適時調整，像食品類這種價格低、購買率高的商品，接近顧客的時機應早一點；像流行服飾商品應先讓顧客自由瀏覽，才不會讓顧客產生抵抗的情緒，破壞其購物的雅興。不過，可別只顧整理商品或帳單而忽略了對顧客的回應，有點黏又不能太黏不失為銷售應對技巧。接近顧客的時機因商品及顧客的不同而有所不同，只有不斷地學習與試驗，才能逐漸把握訣竅。

可別成為讓人望而卻步的商店

站在顧客的立場來看，如果一家商店門可羅雀，服務員全都面向門口望去，這樣的店會讓人裹足不前、望而卻步。曾經有一家便利商店的經營者說道，即使店內顧客數不多，他也會要求店員在各處整理貨架，讓外面的顧客看到人員的流動，這種環境給人自然、放心的感覺，顧客會逐漸增加，當然，要讓顧客清楚地看到裡面，這樣才能讓他們輕鬆地跨入店內。

把顧客當成朋友

「陳太太，早！今天吃火腿蛋三明治和中杯奶茶嗎？」早餐店服務人員一看到顧客脫口而出的問候話，讓顧客感覺親切，尤其能記住顧客的喜好，顧客會覺得你很重視他，客源便會逐漸累積。先

決條件是記住你的每個客人，待客人再次光臨時，便可主動打招呼，就像朋友般的親切。另一種方法是留下顧客的姓名、電話、地址，做好完整的顧客管理，由此加強與顧客的關係維繫。

熱忱對待你的顧客

在消費者善於精打細算的今天，顧客總是貨比三家後才決定是否購買。一般來說，對於只看不買的顧客，大部分的銷售人員會以白眼回報，這是錯誤的。正確的做法應該是：即使對方不買你的商品也要熱情款待。因為顧客轉了幾家商店後，往往最後會回到最熱情的商店去購買。

主動告知商品訊息

「我要一杯中杯珍珠奶茶。」「小姐，本店現在買大送大，你要不要換成大杯的？」「本店推出新口味冰沙，特價 20 元！」這是服務人員與顧客的銷售對話。對顧客來說，不是每樣商品的促銷活動都一清二楚，但透過服務人員的口頭告知，通常顧客購買的意願相當高，不可錯失任何銷售的機會。

九、終極營銷法則

終極營銷

有太多的營銷人員掉入下列陷阱中：（1）試圖做些無法計算的事，比如建立一些所謂的「心理占有率」。（2）只想到能有多少預算——這是一個好幾百萬的營銷活動。（3）企圖贏得廣告業

的創意大獎。（4）以「營銷」之名掩飾多餘花費，因此營銷是不可或缺的。

當回到原點後，你會發現作營銷只有一個合理的理由，就是花在營銷上的每一塊錢，都要能創造超過一塊錢的額外業績，這就是所謂終極營銷的本質。這種形態的營銷，可以讓企業知道營銷活動所創造的明確投資報酬率，否則就該停止營銷活動。終極營銷能呈現營銷創造出的有形且可計算的結果，也就是實際的業績，而非傳統營銷業者喜愛且經常使用的無形成果，例如品牌知名度、心理占有率和企業可見度等等。

終極營銷破除八項營銷失誤

有營銷活動總比完全沒有好

這是瘋狂的想法。除非營銷活動能產生超過成本的銷售額，否則還不如立刻停止，把錢省下來。

廣告和營銷是一體的

不對。

廣告只是花錢，營銷則是確保公司花在廣告的錢都能回收。

好的營銷活動能把產品定位成性感、美麗、有創意

不對。

好的營銷活動能為公司帶來業績，最有效用的廣告通常都很單純，因為廣告中充滿訊息。

業務人員不是營銷過程的一部分

不對。

業務人員是整個過程的中心，除非業務人員能把東西賣出去，否則一切都沒意義。

只要訓練正確，任何業務人員都能成為優秀的成交者

別當真。再多訓練也幫不了一個差勁的業務人員，相反地，要找到頂尖業務員，支付非常優厚的薪水。

了不起的營銷公司是那些贏得許多創意獎的公司

錯。

以終極營銷的原則來看，最好的廣告是用最低成本創造最高銷售量。

偉大的營銷是由那些整天啥事都不做，空想新點子的創意人憑空杜撰出來的

又錯了。

只有業務人員瞭解潛在客戶購買的原因，和業務人員談談，會得到更有用的想法。

好的營銷規則是：1%的直郵廣告響應率，6%的營銷費用比率

不對。

每家公司和每樣產品都不一樣，制訂自己的規則，然後達成所設定的任務。

終極營銷的好處是以創造業績為中心，這也是打造事業的一項交易活動。終極營銷是以創造業績為起點，而非終點，並逆向操作所有營銷程序的面向，產生交易。這也意味著，終極營銷能穿越構建在營銷業四周的重重神話，專注於創造業績，不再只是看起來不錯而已。終極營銷的成敗完全是根據業績論斷，這也是終極營銷強而有力的一項優勢。

十大終極營銷法則

1‧經常估算投資報酬率：只作那些能讓每一塊錢的支出帶進超過一塊錢收入的營銷活動。

2‧集中精力擴張生意：少花點心思在營銷工具的使用上，多注意結果。

3‧以銷售能力為前提和核心：僱用能賣產品的人作營銷，而不是某個只會寫廣告文案的人。

4‧從頭開始：別理會其他人的做法，從頭開始並重新思考每件事。

5‧使用與眾不同的手法：要大膽、有趣且讓人們愛上你的產品。

6‧運用整合營銷：同時使用多種渠道，讓人們注意你的營銷活動。

7‧善用營銷綜效：花在營銷上的每一塊錢，應該能同時帶進業績和創造影響力。

8‧不斷測試營銷構想：任何費用支出前，都要廣泛地測試以便事先知道結果。

9‧從最容易創造業績之處做起：冒險前進前，賣更多東西給熟知你的顧客。

10‧學以致用：暫停所有營銷活動，直到能完全證明自己正在創造業績。

十、推銷常犯的九大錯誤

推銷是一門學問，眾多推銷新手走過的彎路有無數條，將這些酸甜苦辣的失敗經驗歸納整理，得出下列九大項銷售失敗經驗，希望你看了之後，結合自己所經歷的失敗體驗增長智慧。

滔滔不絕，只顧講而忘了聽

從事推銷工作的人，總想以三寸不爛之舌征服對方。

做藥品推銷工作有 10 年的小蔡說：「我第一次登門拜訪一家診所，診所內人滿為患，我也掛號求見醫生，好不容易輪到我看診時，為了抓住這難得的機會，我就展現我絕佳的口才，把藥品的特色、學名，一股腦兒地向醫生做了詳盡的介紹，以為他會被我的專業感動。」結果呢？小蔡說：「醫生冷冷地跟我說：『去找老闆說好了。』我就這樣被掃地出門。」

客戶不信任你，也不信任你的商品

素昧平生的推銷人員，在茫茫大海中，好不容易找到一位你以為是你的推銷對象時，就展開你的推銷攻勢，把十八般推銷武藝通通搬出來，希望一舉成名。從事化學原料銷售有 8 年經驗的李奇道出了他的辛酸經驗。李奇回憶起他推銷大客戶的成功經驗時說，他花了整整兩年的時間去耕耘。

「第一次拜訪時，我熱心提供兩大桶免費的染料給工廠廠長，以為他試用之後，就會被質量所感動。結果，客戶根本把那兩桶染料放在牆角，原封不動，經過我多方打聽才知道，原來他們使用的染料是廠長的親戚所供應的，外人絕對攻不進去。」小李花了一年多的時間和廠長及採購人員純交友，隔三差五地和他們泡泡茶樓，提供一些專業知識。「後來他們知道我是臺大化學系畢業的，對染料有相當深厚的專業知識。在研發新產品時，他們發現原來使用的染料，已經不足以生產出高質量的產品時，我才有機會提供專業的

服務，成為他們的供應夥伴。」

不聽不問，不瞭解顧客

為了急於創造銷售，有些推銷員往往把公司所教的標準術語當成最好的說辭，一見到客戶，不管客戶的需求是什麼，就像錄音機一樣照本宣科，希望把客戶壓倒，拿到訂單。

有一位汽車銷售員，拜訪客戶時滔滔不絕地講汽車的性能配備。客戶都說：「你很懂汽車，以後再談吧。」過了兩年，他才慢慢體會出客戶話裡的含義。其實客戶在說：「你很懂汽車，但是，你不懂我的需求，以後再說吧。」如何才能懂客戶的需求呢？這位推銷員悟出來要「多問多聽」，要瞭解他們想買什麼？什麼時候買？以怎樣的方式買？什麼情況下他們才會下定決心。因為關注客戶的需求，這位推銷員的業績越來越優秀。

無頭蒼蠅，勞勞碌碌無目標

很多推銷員覺得時間不夠用，所以橫衝直撞，急於找客戶拜訪，到頭來一事無成，每天精疲力竭。

小林從事電子零件的銷售，由於電子科技的發展一日千里，客戶需求變化快，起落就在瞬間。小林回憶剛踏入推銷之門的時候：

「我每天帶著樣品，到處找科技、電子公司，對客戶根本不瞭解，每天掃樓拜訪，結果往往跑了 200 公里以上的路程，還是拿不到訂單。在痛定思痛之後，我開始從錯誤中學習，儘量收集，有時候還打電話給客戶，去請教他們有關公司的消息、產品說明書、產品型號等，經過研讀之後，擬訂拜訪計劃。拜訪前，我設定了問題，把我所欠缺的數據寫下來，明察暗訪。收集完整數據，擬定推

銷策略，推銷成果就漸漸有了起色。」

急於報價，急於降價

價格是推銷的關鍵，很多客戶都說：「你不必說明了，價格多少就可以決定購買與否。」這是個陷阱，匆忙報價，接著聽到的話常常是這樣的：「什麼？太貴了！別人比你便宜一半。」於是一條銷售線索就此中斷。

銷售食品添加劑的小劉在推銷路途上，是一位吃過太快報價虧的典型人物。小劉說：「我們公司的添加劑自美國進口，質量是FDA嚴格把關的產品。」當他還來不及說明質量特性時，顧客就說：「那麼價格多少呢？」涉世未深的他就說：「一分錢，一分貨，我們的價格是××元。」結果反而遭受奚落，生意告吹了。小劉從失敗中學習到一點：客戶還未認同你的商品特點時，任何報價都是白費心血。

擔心說服不了客戶，商品優點如數家珍

心裡總覺得要將商品的特性及優點說清楚講明白，好讓客戶感動，就像散彈打鳥一樣，連發數十槍，總以為客戶會動心於商品的無數好處。沒想到你講話的速度最快也不過每分鐘 200字，而客戶腦中思考的速度是每分鐘 450字；你講得越多，客戶就在你滔滔不絕的時候，老早已想好拒絕你的藉口了。

從事直銷健康食品的小施，開始推銷以來，每天講得口幹舌燥，卻換來客戶一聲冷冷的回答：「好吧。讓我再想一想你講的好處後，再打電話給你。」結果幾乎沒有一個打電話來說要訂購。小施用 2年的時間，體會到先瞭解客戶的健康狀況，然後再針對症狀

提出說明及健康食品的用途。如今她幹銷售，可以說是得心應手，原因無他，「對症下藥，藥到病除」罷了。

空口講白話，沒提出證據

大多數的人都說推銷員只靠一張嘴巴，光說不練，口說無憑，難以置信。實際上由於推銷員都精於口才，往往口若懸河說個不停，因而降低了他說話的可信度，大多數的人都把推銷員的話當成是吹牛。

蔡先生在房地產公司工作，推銷高檔住宅。他善於根據客戶的特點推銷。有一位客戶的母親身體不太好，蔡先生向他推銷了一套依山傍水的住宅，入住後老人非常滿意。蔡先生常以此為成功案例講給其他的客戶聽。有實例為證，客戶對蔡先生的推銷接受度很高。

缺乏創意，死板板不可能銷售成功

從事推銷工作，必須具備敏捷的思維。推銷人員必須瞭解客戶的狀況，調整自己對商品的解說及說服角度。有的人期望中規中矩的介紹；有的人希望帶有感情的解釋；有的人希望先交朋友，再談生意。面對各式各樣的人，你必須調整你的推銷方法，創意推銷法成為必備的技巧。

小謝服務於廣告公司，從業務經理開始，10年來他已升任為業務總監。他總是說：「我必須改變我的角色，站在客戶的立場，思考如何運用好的創意，訴說品牌的故事，講述動人的詩篇。一句廣告詞，讓看過的人都能朗朗上口，加速商品的銷售速度。」

創意銷售法就是站在客戶立場，為客戶思考解決問題的方法，

創意的激發是成功推銷的必備條件。

過度承諾，招惹抱怨

很多推銷人員為了獲得訂單，對客戶做了太多的承諾，諸如提前交貨、延長服務年限、給予更多贈品、延長付款期、贈送耗材等等，不一而足。為了提高客戶的滿意度，給予其他優惠，增加簽單的幾率。但是，如果這些承諾做不到的話，反而會招惹抱怨，把一個好好的推銷機會，變成以客戶的不滿告終，有的推銷人員甚至和客戶反目成仇，實在划不來。

十一、增加銷售的五大黃金法則

雖然處在不景氣當中，但想要提高銷售業績，仍可以從一些法則中找出可依循的方法。從成功企業的營銷經驗中找出簡便的銷售訣竅，無疑對大家有些幫助。

法則一：貨不在多，以精取勝

日本 ibiza名牌女士皮件近年來銷售非常火暴。到目前為止，ibiza顧客人數累計已達到 100萬人，其中有六成的顧客曾經二、三次再購 ibiza皮件，形成了所謂「ibiza fan」忠誠顧客群。

ibiza名牌皮件營銷成功的原因可以歸納為下述三點：

第一，相同產品少量做。ibiza女士皮件每一款只做 40件，賣完就不再生產。換言之，在東京市內，要看到跟你攜帶一樣款式或色彩的皮件，是非常不容易的。這樣一來就滿足了女性對高級皮件

擁有「獨特性」與「稀少性」的價值感及差異感。

　　第二，細緻手工質感高。ibiza女士皮件的皮革表面設計花紋及手藝加工，都是由皮件工藝專家精心設計細緻裁剪及縫製而成的，每一件質感均非常優越。與大量生產的機器縫製感覺完全不一樣，更突顯出它的工藝價值所在。而且，銷售 ibiza 的吉田直營店更提出永久保證與維修的承諾。一件手提皮件，至少耐用幾十年之久。

　　第三，邀請顧客進行「工藝廠參觀之旅」。為建立吉田公司與顧客密切的關係，吉田公司每年舉行 50 次、每次 30～50 人的「ibiza工藝場參觀之旅」。在崎玉縣川口市工廠，從全國各地坐遊覽車而來的 ibiza迷，都可以親眼看到ibiza皮件的誕生過程。包括從皮革裁剪、縫製到完成品，以及研發設計繪圖等。這個舉動不僅滿足了顧客的好奇心，而且也讓她們親身體會到皮件飾品的精心工藝的過程價值。這也算是「體驗營銷」實踐的一種，尤其是 ibiza生產工廠及辦公大樓的清潔、整齊與雅緻，更帶給顧客良好的印象。

法則二：讓顧客感受新的價值

　　日本 7-Eleven最近推出「真鯛便當」，一時之間突然暢銷，成為熱門商品。日本 7-Eleven商品本部澤天先生深入分析後，發現了暢銷的三點原因：

　　一是採用高級鯛魚，質地鮮美細嫩。7-Eleven與九州島及四國地區的漁場簽訂長期採購合作契約，由漁場業主大量繁殖高級的真鯛魚。二是 7-Eleven利用鯛魚的魚骨頭熬湯，然後將魚骨湯加入白米，煮出來的白米飯口味獨一無二。

　　三是以高質感的和紙作為便當外觀包裝紙，形制精巧，而且一

改機器密封為人工包裝。

以上三點創新做法，雖然使整體成本上升不少，但因顧客確實得到了新的享受，因此銷量反而大增。日本 7-Eleven將傳統的便當從選材、製作到包裝，全部打破既有概念，採用進化與創新手法，使顧客感受到它不同以往的價值，因而就能促進營銷成功。

法則三：為顧客解決長久以來的煩惱

日本若扶特公司的「枕工房」寢具直營店推出了一種能夠解決顧客失眠煩惱的枕頭。枕工房以高級寢具製作聞名，新推出的「快眠枕頭」，應用了可以減輕頸椎負擔的人體工學技術，商品一上市即獲好評。一般商店的枕頭只賣 2000日元 1個，但枕工房的「快眠枕頭」卻賣 6000日元高價，而且銷售量很好。很多顧客表示，如果真的能讓人快眠，就算 1個賣 1萬日元也值得。

根據統計，來到枕工房店面的顧客，大概有八成都會買「快眠枕頭」，而且中青年消費者也不少，因為他們認為這是一個科技含量高的創新產品。

日本知名乳品公司森永乳業與日本第一大健康食品公司 TBC合作，推出雙品牌健康飲料。包裝上印著「森永乳業 +TBC」的超大字眼，並以「強身管理」（BodyManagement）作為該產品品牌名稱。240cc容量賣 140日元，比同類產品售價高出許多，但該商品極為暢銷，所以在杯裝飲料市場中占有 15%市場，為市場占有率最高的第一品牌。這是日本兩家知名品牌利用各自產品優勢，結合資源而打開市場的範例。

法則四：以顧客需求來開發商品

2001年日本新推出的「洗衣烘幹機」（兼具洗衣機與烘幹機功能），銷售39萬臺，2002年上升到50萬臺。日本職業婦女及家庭主婦經常利用晚上洗衣，但在冬季，晚上洗的衣服，早上不容易幹，而且同時買洗衣機及烘幹機，會占據陽臺上兩個空間。由於日本住房面積本來就不大，因此，松下、東芝、三洋等家電大廠，為解決消費者的困擾，特別開發出「洗衣烘幹機」，一來省空間，二來可以將兩種功能結合在一起，省力又省時。在其他功能開發上，還強調具有除菌、震動噪聲小、晚上洗衣不會吵到鄰居等優點，而且即洗即幹，隔天早上就可以穿上。

法則五：加強消費者「自我價值」的消費導向

在日本高消費、多樣化與成熟化的市場環境中，消費者追求的是一種自我價值與心理價值的消費導向。廠商應該將研發投置在讓消費者能夠感受到的價值方向及內涵上。如此，即使支付10萬日元、100萬日元，消費者也會在所不惜。日本第二大廣告公司博報堂生活總和研究所所長關澤英彥即歸納出「從生活者看四種價格因素」的觀點，也就是產品的價格是被四種因素所決定：一是時間點——新產品的推出是不是選對了時間，二是場所點——是不是找對了推出的地域，三是心理點——是不是抓住了消費受眾的消費心理，四是自我價值——是不是滿足了消費者自我價值的實現。

十二、改造供應鏈的啟示

管理一家全球化妝品企業要比營銷和化妝複雜得多。如果你面對一個巨大的增長機遇，但卻由於供應鏈受到阻礙而無法從中獲益，你會怎麼做？雅芳（Avon）面對這種煩惱的時候，著手進行

了根本性的改革。這是一次不能確保有收益的高風險嘗試，我們這就來看看雅芳是如何徹底改造製造和運輸基礎環節，以及由此帶來回報的。

忽視供應鏈管理帶來的弊病

雅芳是世界上領先的美容產品直銷商，年營業額為68億美元。除了化妝品、護膚品、香水和人身護理用品，雅芳的生產範圍涉及廣泛的禮品項目，包括珠寶、女式內衣和時尚飾品。雅芳透過390萬獨立的銷售代表向145個國家的消費者銷售。雅芳每年有12億美元以上的銷售額來自它的歐洲區。但是，在20世紀90年代，這個區域強大的增長趨勢卻幾乎使它的供應鏈組織面臨崩潰。

雅芳最初的重點是營銷和銷售，多年來一直忽視了供應鏈的管理。回顧20世紀80年代，在歐洲，雅芳僅僅在6個國家設立了分支機構，每一個分支機構都有獨自的工廠和倉庫來供應當地的市場。這些分支機構都是獨立運作的，有獨立的訊息系統，但沒有整體的計劃，也沒有共同的生產、營銷和分銷體系。

這種經營方式在小範圍內運行得很好。每個機構都對本地的需求承擔絕對的責任。但是，到了20世紀90年代初期，雅芳就開始把它的關鍵品牌全球化，並且透過推出新產品、新包裝和廣告活動來改變自己的形象，旨在爭取更年輕的消費者。雅芳計劃把歐洲區的營業收入翻一番，從1996年的5億美元增長到2001年的10億美元。雅芳意識到，把現在以國家為基礎的供應鏈模式複製到每個新市場成本很高，並且很難操作。行政副總裁鮑勃·托特解釋說：「10年前我們一個國家一個國家地經營，採用了一種權力非常分散的管理模式。但是，現在我們不能這樣參與競爭了。」

首要的問題是公司的銷售週期與供應鏈根本不匹配。在大部分

歐洲市場，雅芳每三個星期就會開展一輪新的銷售活動——推出新的宣傳材料、新的贈品和促銷活動。這種短銷售週期是雅芳直銷模式的基石。由於定期提供新的產品和促銷，雅芳的銷售代表就有理由經常與客戶聯繫，從而能夠加強銷售代表和客戶之間的關係，促進銷售。

短的銷售週期需要一個靈活、反應靈敏的供應鏈。這一點雅芳感到做得不夠。它的工廠根據預測生產某一種產品，然後把貨物運到各個國家的倉庫。如果某些產品大受歡迎，分支機構會再向工廠下緊急補充訂單。然而，產品要經過從原材料到生產，再到分銷的整個供應鏈循環，平均需要 12 周的時間。

這種時間上的不匹配導致了在每一次銷售活動的過程中都會出現一些倉促的解決方法和大量的低效率現象。雅芳依靠員工的竭誠服務來滿足消費者的需求，毫不顧及成本。但是，隨著業務的增長，滿足不同市場和精確預測不同產品需求的難度越來越大。自從雅芳開始以每年進入兩到三個新市場的速度增長以來，難度就更大了。

緊急補充訂單還會破壞生產效率。由於 40% 到 50% 的品種在銷售中都會超出預期，工廠要經常打亂進度表，從生產一種產品轉到生產另一種產品。這種轉換成本很高，因為工廠的設計模式是適應於大批量生產的。此外，滯銷的產品也會帶來高昂的成本。在每一個銷售週期裡都會有些產品的銷售量小於預測數，所以雅芳積壓的商品逐漸增加，有些存貨週期高達 150 天。

語言是另一個問題。雅芳過去從供應商那裡購買已經印好字的包裝盒。進入新的市場就需要使用新的語言，因此需要影印的種類也就更多。由於雅芳採取的是按預測生產的方法，並且供應商的交貨時間較長，所以雅芳不得不訂購大量預先影印好的多種包裝盒。雅芳的很多需要得不到滿足，都是因為現有的包裝盒上印的是別的

語言。

重新設計供應鏈

改革供應鏈是雅芳的首要大事。

雅芳設計了集中的計劃職能——這是它首先要解決的關鍵問題。誠如雅芳歐洲區供應鏈負責人約翰·基奇納所言：「如果沒有一個集中的計劃部門來預測整個區域的需求和存貨水平，並迅速做出反應，雅芳就將無法達到它的增長目標。」首先，雅芳需要建立一個公共數據庫。供應鏈設計小組花了幾個月的時間來設置標準產品代碼、產品描述和其他訊息，使所有的國家都使用同一種語言。這個數據庫使雅芳能夠瞭解銷售的趨勢和存貨情況，使管理者具有一種跨區域的視野，能夠同時監控供給和需求。雅芳公司還設置了一個供應鏈和進度計劃系統來支持跨區域的規劃和協調職能。為了管理越來越複雜的企業，雅芳還設置了一個區域計劃組織，在全面瞭解整個供應鏈的基礎上，決定服務水平、存貨和成本。

下一個關鍵步驟就是以一種操作上比較合理的方式重新設計供應鏈。雅芳保留了它在德國的工廠，同時把其他的工廠都集中到了波蘭。這個措施擴大了雅芳在新興市場的核心部分的生產能力。同時，雅芳還提高了生產效率，這主要是因為勞動力成本降低了。雅芳還在波蘭建立了一個大型存貨中心，為公司在歐洲的分支機構服務。之所以選擇波蘭，是因為這裡離生產基地比較近。

與此緊密聯繫的就是存貨中心。雅芳的兩個工廠生產出的產品都運到波蘭的一個大型中心去，在那裡給產品貼標籤、裝貨，再分銷到不同的區域。在原來的系統下，雅芳還不瞭解各個市場的具體需求，就把產品送往各個國家的倉庫去。現在，它把所有產品都保存在這箇中心，直到銷售趨勢變得比較清晰，才把產品運到需要它

們的市場。

　　雅芳還努力使它的包裝盒標準化，以降低成本，提高效率。公司過去認為每一種產品都應該有不同的包裝瓶和形狀，但它現在意識到，也可以用瓶蓋、顏色和標籤來實現產品的差異化。生產會變得更加靈活，因為轉換時間通常是零。供應商現在可以用更有效的高速生產線生產雅芳的包裝盒。產品成本也會降低。

　　雅芳新的端對端視野也改變了公司與供應商合作的方式。雅芳公司過去習慣於尋找最便宜的材料，並大批量購買，以保持低成本。但是，價格最低不一定等於總成本最低。比如，雅芳公司在墨西哥找到了生產廉價玻璃瓶的供應商，但從墨西哥到歐洲的貨運時間很長，用船運要 8 到 12 個星期。當產品需求量很大、需要包裝瓶的時候，雅芳會把包裝瓶空運過來，這真是一種費錢的權宜之計。現在雅芳的大部分存貨都是從離它在波蘭和德國的工廠比較近的供應商那裡購買的。儘管雅芳公司支付的單價會稍微高一些，但只需要與較少反應更靈活、更迅速的供應商建立關係，所以總成本反而降低了。

　　在對供應鏈的流程進行重新設計之後，雅芳把注意力轉移到四個流程——計劃、配置資源、生產和發貨重新設計。

　　資料來源　雅芳公司網站

秘訣二　打造品牌，讓你的公司更有競爭力

在市場經濟大潮中成功搏擊的企業，一定是有品牌知名度和廣泛影響力的知名企業。在21世紀我們將看到：賣商品不如賣品牌，品牌商品都能在市場上獲得比同類品質商品更高的售價，並且盈利豐厚。

公平的市場就是一個跑馬場，總是有實力的「名馬」跑在前面。你是否願意做一匹「名馬」？市場知名品牌中沒有你公司企業的身影，你是否願意最快速獲取提高品牌知名度的秘訣？

——你必須要思考。

一、長壽暢銷商品是如何打造出來的

《日本經濟週刊》的發現

每家企業都不希望自己推出的商品熱賣一時、流行短暫，而是希望它最終成為受跨越世代消費者喜愛的長壽暢銷商品。《日本經濟週刊》研究了日本有代表性的長壽暢銷商品，發現這些商品之所以能成為長壽暢銷商品的秘密。

《日本經濟週刊》的研究發現了其中有兩點共通之處：

1．提供消費者「明確的核心利益」，並獲得消費者的肯定

例如從 1971年上市至今，累積售出兩百億杯的日清食品杯

麵，核心利益是「不論何時何地都能輕鬆享用」。自1980年由大塚製藥推出，累積銷售金額高達1400億日元的寶礦力，核心利益則是「治癒口渴」。

2‧應對消費者嗜好，根據市場環境的變化進行彈性調整

名牌服飾「Burberrys」的日本品牌代理商三陽商會，為了改變烙印在消費者心中「中年有錢人品牌」的形象，特別投入限定日本市場的子品牌「Burberrys Blue Label」（藍牌）、「Burberrys Black Label」（黑牌），瞄準20歲出頭的女性與男性消費者，為品牌形象注入新的活力。

20世紀90年代中期以摔也摔不壞的G-SHOCK電子錶風靡日本中國外青少年的卡西歐品牌，在2002年推出G-SHOCK的新系列——太陽能的「The G」手錶，就因為青少年人人都有手機，預料難以打開年輕人市場，於是將目標鎖定在「講究性能的中高年齡層」消費群，並推出鈦材質或以藍寶石裝飾的產品，再度引燃電子錶市場的熱潮。

即便已躋身於長壽暢銷商品之列，上述這些企業仍然絲毫不敢放鬆，反而更加倍努力，因為它們都瞭解「品牌老化」是致命傷。

老顧客吃日清食品的杯麵，常懷念起「只要有熱水就能吃一餐」的年輕歲月，他們希望日清的杯麵「口味永不變」。然而，為了避免品牌老化，日清必須開發年輕客層，在年輕一代的消費者心中，建立起日清走在時代前面的印象。於是日清採取「運動營銷」的策略，如贊助年輕人喜愛的角力賽、摩托車賽和世界足球賽，以維持30年的老品牌，並提高品牌的「鮮度」。

另一個提高品牌鮮度的做法是，一面維持抓住老客戶的三種基本口味——咖喱、海鮮、醬油，另一方面也不斷開發新口味，例如麻婆、回鍋肉、墨魚排等等。

大塚製藥從寶礦力上市之初，就從強調「機能性飲料」的角度，不斷地「建議」消費者不要放棄各種「飲用機會」，例如運動、睡眠和喝酒之後。同時，為了證明喝寶礦力比喝水更能有效地補充水分，防止旅客血栓症的發生，大塚製藥特地用大型客機做實驗，並將結果刊登在權威的學術期刊《美國醫學會雜誌》上。

面對飲料市場接二連三登場的機能性飲料，大塚製藥派出營業部隊到中學、小學，壓低產品宣傳的色彩，向學生說明「預防中暑及補充水分」的重要性，雖然不能立即提高銷售業績，但卻是最「植根式」的促銷手法。

長壽暢銷商品如果不幸日落西山，有可能捲土重來，再度復活嗎？為期一個月的寫著「？」標誌的電視廣告天天播放，150萬個沒標明品牌的洗髮精試用包在日本全國發放。

全球 1.7 億女性愛用的洗髮精，現在什麼都不說。「隱藏商品名稱」卻讓二三十歲蒐集訊息能力強的女性，用發現新產品的心情，來選購知名的老品牌。像這樣的營銷活動，首推寶潔為潘婷洗髮精策劃的復活廣告。

說起十幾年前即成功登陸日本的潘婷洗髮精，市場占有率經常保持在前幾名，近年來則漸次掉落十名之外。《日經流通新聞》指出，寶潔這招「創造強烈印象」的營銷手法果然奏效。當寶潔公開商品名稱時，還得到各地零售商的配合，大量在陳列櫃擺出潘婷洗髮精，一舉將銷售額和市場占有率雙雙推高至7%，逼近第一名品牌。

《日本經濟週刊》分析 2003 年度日本熱門商品時指出，在消費意識多樣化的今天，想塑造熱門商品有兩種方法，一是讓一小部分的消費者感受到「這是為我而做的商品」，否則就仿效世界足球賽一樣，推出讓消費者打從心底想要「跟大家一起玩鬧」的東西來。

對企業來說，塑造熱門商品只是商戰市場上一場熱身賽而已，將之灌溉孕育成長壽暢銷商品，才是競爭對手間正式的對抗賽。

二、Google成功啟示錄

很少有一家公司，不需要靠任何營銷預算就能擁有廣泛的知名度，幾乎每個來自全球各地的網絡使用者，都是這個網站的使用常客，它就是 Google（谷歌）。自從以每股 80美元掛牌之後，一年半時間，Google的股價屢創新高一直是全球矚目的焦點。其市值一度超越網絡前輩Amazon（亞馬孫）、eBay、Yahoo（雅虎）三者的總和。在創下空前紀錄的同時，Google也成為網絡取代實體企業的經典教材，總結 Google的成功，共有 14大法則是頗值得網絡業經營管理者們參考和借鑑的。

創業初期

1．初創期人少效率高

最初成立時，創辦人最好不要超過 4位，如果是只有 2位創辦人更好。創業小組越少人，越有助於建立共識，並有助於減少初期發展理念的爭執。剛創立的新公司，最好只有一個明確的目標，把這個目標全力做好就行了，別野心勃勃地想做太多事情，那只會偏離發展方向，使有限的資源分散，這對新公司來說不是好事情。無論是Google、蘋果計算機（Apple）或是昇陽（Sun），創立初期都只有 2位創辦人和訴求單一且明確的經營目標。創業小組人數越少，也越能提高執行的效率，縮短小組彼此溝通的時間，在這個時間，趕快搶下第一份合約，或是做成第一筆生意，比每天不停地開會討論有意義得多。

2．別尋找臭味相投的創業搭檔

在網絡的時代，幾個好友合作一起創業的情形十分普遍，但對新成立的公司未必是好事情。能成為好友，往往因為擁有共同的興趣，或曾經是同學或同事，彼此擁有共同或類似的專長，這樣的創業小組在執行面上，創辦人之間專業太相似，反而無法產生互補的效益。理想的網絡創業小組中，技術工程與業務能力是兩項關鍵的能力，創辦人當中，如果能彼此分工，有人負責後臺的技術工程，另外又有人在前線負責業務，將可提高成功幾率。此時不需要特別找 MBA的經營管理人才，優先考慮的是建立起工程與業務的基礎能力，那才是網絡公司持續營運的關鍵。

3．開放原始碼

在創業資金有限的情況下，採用免費且開放原始碼的軟件，作為網站的基礎框架，將有助於減少訊息設備的花費。目前，在網絡上最知名的開放原始碼產品是Linux，另外像 ApacheWeb服務器軟件、MySQL數據庫軟件，也是不錯的選擇。不管使用哪一種開放原始碼軟件，前提都是要確定對這個軟件有充分瞭解，下載之後的程序代碼，能針對本身的需求自行修改程序。在創業初期，經營方向與內容經常修改是常有現象，採用開放原始碼也能讓營運更有彈性，創業者本身就能修改訊息框架，避免經營方向遷就既有訊息框架的情況。

4．使用標準設備降低成本

創業初期，使用標準的硬設備，將有效降低營運成本。不管是戴爾還是惠普的PC，加上英特爾的微處理器，在效能上都有顯著的大突破，加上絕大多數的硬件產品，都是由臺灣廠商代工，價格非常平易近人。在兼顧價格與效能的基礎上，採用高度標準化的PC作為初期營運用的主機，而非選擇價格昂貴的大型主機，對新成立的網絡公司是聰明的選擇。隨著營運規模擴大，網絡流量提高

之後，再考慮逐步升級到效能更強的硬件產品。

5・不斷推出新的網絡服務

這幾年 Google的成功，關鍵就在於不斷推出新的網絡服務，將每次新服務的推出都視為一次與用戶溝通的機會。無論是 Gmail、Google Map，還是 Google在線圖書館，Google都會將最新的網絡服務規劃公開，並不斷宣布最新進度，讓媒體或使用者討論，再作為開發參考。一般的網絡公司也許並沒有辦法像 Google那樣獲得廣泛的媒體矚目，但仍可善用 Blog做產品推廣。透過Blog，可以直接得知使用者的想法與建議，要注意的是，一旦不能滿足使用者提出的具體需求，就必須讓使用者知道原因。

經營與資金

1・穩紮穩打步步為營

經營網絡公司除了比產品好壞之外，更要比誰的氣長。一旦開始有新的產品或服務上市，別太急著砸大錢做營銷與宣傳，在尚未進入獲利的「燒錢」階段，手中的每一塊現金都十分珍貴。在產品還沒有被市場廣泛接受之前，穩紮穩打的策略比較實際，將手中的現金，規劃到公司進入獲利階段才是上策。一旦缺乏營運資金，公司只有倒閉或是求售，到時就算有再好的產品也來不及了。

2・抓住時機尋找創投資金進入

當你的產品或是服務已經開始在網絡上流傳，或是至少有上千個使用者開始使用後，就差不多該是你尋找創投資金的時候了。這代表你的產品已經透過市場的初步考驗，證明你的網絡公司可以站穩腳步，透過適度的引進創投資金，可以把經營規模放大，讓產品能更快、更有效率地推廣出去，加速跨過獲利的門檻。對創投業者

來說，這時你的公司開始變成為具有吸引力的標的。

3‧不斷增強繼續經營的實力

經營一家成功的網絡公司所需的金錢與時間幾乎總是超過當初預期。因此，在第一個產品成功之後，盡快展開第二階段的產品規劃，提高本身繼續經營的實力。這時，若手中還有現金，就別花太多心力與時間去尋找創投資金，延遲後續產品持續開發的進度，應妥善規劃現金運用以及產品開發的進度。此外，一旦讓投資者知道你急需要現金支持，你可能會喪失許多被「公平對待」的機會。

4‧找尋優秀的創投公司

優秀的創投公司除了提供資金外，也能協助新公司拓展客源，或是建立完整的發展策略，但絕大多數公司並非如此。對多數的創投公司來說，投資新公司最大的考慮，就是標的盡快掛牌上市或是出售等「短期目標」，為自己創造投資報酬。因此，他們往往會幹預標的公司的經營自主性。在尋找資金階段，最重要的是找到理念相近，並且能協助拓展的創投進入，若在經營方向發生衝突之際，適度堅持自主性則更重要。

管理成長

1‧吸引人才廣集創意

當產品逐漸走上正軌之後，創業小組就可以考慮開始僱用第一批員工。對網絡公司來說，企業最大資產就是員工的頭腦，而不是既有的軟件、硬件設備，尋找夠聰明、有創意的員工，是網絡公司經營成功的必備條件，Google之所以如此成功，便在於不斷吸引了頂尖的人才投入，提供源源不絕的創意，來增加新服務。此外，當公司營運規模擴大之後，持續建構營銷與業務小組也很重要，千

萬別等到產品已經發展成功，能為公司創造營收之後，才開始找營銷與業務方面的員工。

2・厚待員工　留住人才

若你的網絡公司想要與頂尖的對手競爭，你就必須提供更多的服務或更好的產品，如何讓員工持續賣命則是最大的挑戰。若你希望優秀的員工選擇投入經營風險更高的網絡產業，而放棄好聽的頭銜、穩定的工作，那就應該在報酬上厚待員工。無論是股票選擇權或是薪資獎金上，將經營成果與員工共享，留住優秀的員工，在網絡產業的經營上，都比任何產業重要。

3・業務從自身做起

在網絡公司成立的最初時期，此時是所有小組成員都要有能力銷售產品的時候。在企業經營上有句諺語：明快果決地解僱不勝任員工，並深思熟慮地僱用新員工。這句話現在已經不僅僅適用於業務員了，其他部門的員工也該奉行此準則，在企業營運中，最重要的莫過於銷售小組的建立，透過創辦人親自帶領與建立銷售小組，能維持一致的對外形象與服務質量，對新成立的網絡公司來說，維持一致性將帶來豐厚的報酬。

4・聘請專家

一旦你成功建立起銷售產品的小組之後，下一步你就可以開始思考聘請專家來帶領。所謂專家，往往是來自知名企業的業務主管，具有多年的業務經驗，在網絡公司由小而大的關鍵時刻，能將過往的經驗帶入小組中，開創更新、更大型的銷售項目，或是帶頭搶攻重要的企業客戶。過了這一關，你的網絡公司就開始擺脫創立初期的階段，開始邁向業績起飛。

5・尋找專業經理人

一旦成立的網絡公司進入成長階段之後，最初的創辦人往往無

法把公司帶往下一個階段，因此，創辦人選擇退位時機，尋找專業經理人來管理，將直接影響到下一步的成長。一開始，創辦網絡公司往往是來自興趣，創辦小組中可能是以工程師為主，對銷售數字或財務報表等商業運作，卻完全不感興趣，這時就是考慮退位的時候了。無論是 Google、Yahoo或是 eBay，真正邁向成功與起飛的關鍵，都是將執行長的職務，交給專業經理人負責。

資料來源　玟雅.Google成功啟示錄.中國民營科技與經濟，2006（5）。有改動

三、KrispyKreme傳奇

Krispykreme還沒有可口可樂或者麥當勞那麼有名，它在全國性廣告上的花費也微不足道，但公司充滿懷舊色彩的紅、白、綠三色標誌正迅速成為美國流行文化的一部分。在 KrispyKreme品牌流行的背後，是關於一家出色的美國公司成長的真實故事—— KKD公司在艱難環境下取得巨大成功的經歷，是一段有關人們如何精明機敏、具有創造性思維以及在邊緣中求得生存的傳奇。

KrispyKreme品牌的流行

KrispyKreme甜甜圈的生產者是 KKD公司，目前它的規模還很小，僅有 292家店，美國家喻戶曉的 Dunkin甜甜圈僅在美國就擁有 3600家店。KKD2004年銷售額為 4.94億美元，利潤為 3300萬美元（其中包括一次性收費 900萬美元）。但是，它確實充滿了活力。

帶領 KrispyKreme直線躥升的人是首席執行官斯科特·萊文古德。為人謙遜的萊文古德是在 KrispyKreme保守的根據地北卡羅

來納州溫斯頓 -塞勒姆長大的。他在公司裡工作了 26個年頭，是從人事部門一路幹上來的。

KrispyKreme靠三種方式賺錢。65%的收入來源於其所有的106家店，他們面向公眾直接銷售甜甜圈。另外 31%來自於向 186家特許經營店銷售混合麵粉、製作甜甜圈的機器以及半成品甜甜圈。剩下的 4%是公司頒發特許經營許可證的收入。儘管最後一項的收入很少，但其（在扣除公司一般管理費用之前的）營業利潤率高達74%，而前兩項收入的營業利潤率僅為百分之十幾。芝加哥的食品諮詢公司 Technomic的總裁羅恩·保羅說：「這家公司有自己的整體優勢，食品公司都賣甜食，但 KrispyKreme在運營和品牌利用方面非常精明。」

如今這樣說可能沒有說錯。但在公司創立 66年來的大部分時間裡，KKD和「精明」二字很少能聯繫在一起。該公司成立於 20世紀 30年代中期，當時一位名叫弗農·魯道夫的甜甜圈製造商從新奧爾良一位法國糕餅廚師手中買下發酵甜甜圈的秘方（發酵甜甜圈是一種蓬鬆的裹著糖粒的甜點，比之更厚的品種是蛋糕圈餅）。魯道夫從肯塔基州帕迪尤卡遷到納什維爾，再遷到溫斯頓 -塞勒姆。1937年 7月 13日，他建立了一家甜甜圈批發公司，向當地百貨店出售甜甜圈。如果你瞭解 KrispyKreme甜甜圈，你便一定清楚製作甜甜圈時散發的香味比廣告公司任何新奇的創意都有效十倍。經過魯道夫的工廠的人們開始敲門，詢問能否賣熱的甜甜圈。於是，魯道夫在工廠的牆壁上鑿了一個洞，面向大街銷售甜甜圈。

在接下來的幾十年裡，魯道夫在南、北卡羅來納州以及毗鄰的州開設了另外一些店鋪──其中一些是他自己所有，也有一些是特許加盟店──一個地區性的連鎖店就這樣形成了。他選擇了紅、白、綠色以及粗筆畫英文字以及兩個龍飛鳳舞的「KK」字母作為標識。至於 KrispyKreme這個名字，它來自於法國廚師的菜譜。

弗農·魯道夫可能是一個非常出色的甜甜圈製造商，但他 1973 年去世時顯然沒有提前準備處置身後家產的計劃，結果 KrispyKreme不得不被賣掉。經過一段時間的等待之後，芝加哥大企業 Beatrice在1976年最終買下了這家公司。但是，隨後 Beatrice卻把 KrispyKreme搞得一團糟，甚至把配方和 KrispyKreme標識都改了。不久，Beatrice便表示要出售 KrispyKreme，而對於早已變得怒氣衝衝的特許經銷商們來說，這正中下懷。

1982年，在 Mobile公司喬麥卡利爾的帶領下，特許經銷商們決定以 2400萬美元的價格融資收購了這家公司。喬麥卡利爾恢復了原來的配方和標識，並找到了一個非常棒的銷售策略——「現在供應熱甜甜圈」：當店裡不做甜甜圈時，便將百葉窗關上；而當百葉窗打開，「現在供應熱甜甜圈」的霓虹標誌閃動時，顧客們便魚貫而至。

20世紀 80年代中期，喬麥卡利爾從 Mobile公司退休，他的兒子麥克接了班。麥克提出了「甜甜圈劇場」的概念。他們將製作甜甜圈的設備放在店裡，讓人們可以 365度全方位地觀察甜甜圈在恰好 115秒鐘的時間裡完成起酥製作的全過程。此後，精心製作的甜甜圈再經過掛糖粉的工序，彎轉 180度，被送到櫃臺上。這樣，銷售人員便能夠拿起剛從生產線上生產出來的熱甜甜圈，將它送到饞涎欲滴的顧客手中。

1996年，KrispyKreme在紐約城開了一家店，公司組織了一場促銷活動，成箱成箱地向 NBC著名節目《現場展示》提供甜甜圈，在全國的曝光率很高。直到今天，這家公司也沒有商家習慣要確定的媒體廣告預算。對於 KrispyKreme來說，免費贈送甜甜圈這種方式更經濟、更有效。在進入新市場之前，例如在 6月末進入波士頓時，KrispyKreme便向電視臺、電臺以及報紙免費提供大量

的甜甜圈。商店還以折扣的價格向慈善機構提供數以百萬計的甜甜圈，這些機構則出售這些甜甜圈以籌措資金。在這十年裡，人們想不出哪個品牌能比KrispyKreme在電影和電視劇裡出現的頻率更高。

資料來源　據《甜甜圈的傳說──KrispyKreme是怎樣變成美國最熱門品牌的？》改寫。原作者Andy Serwer，　見www.fzsw.com/shovo.aspx? id=455&cid=25

四、建立網站品牌六大策略

一項最新的調查顯示，65%的英國消費者在網絡上購物時，會傾向於購買他們熟悉的品牌，只有29%會考慮購買沒有聽過的品牌商品，63%表示他們傾向於購買以前曾經買過的商品，還有30%以上的受訪者表示在網絡上品牌勝於一切。基於此，如何制定網站的品牌策略，借此提高知名度、增加點擊率，進而吸引消費者對網站所提供的產品或服務的注意、接近，並影響其認知、態度，到改變其購買行為，這一切都是網站經營者當前應迫切思考的重點。下面就是海外專家提出的樹立網站品牌的六大策略，有情趣的網站經營者不妨借鑑參考。

策略一：找到可給人信任感的網站名號

面對眾多網站的競爭，網站需要一個名號，才足以象徵網站本身，更代表著網站這個企業體的信譽與其所經銷的一切商品，因而建立一個代表網站本身及其所生產的一切商品名稱或名號，也就是「品牌」，成為網站經營者在導入網絡市場競爭時，首先要重視的課題。

對消費者而言，品牌名稱象徵著一家網站公司所提供的產品、服務以及其組織文化、經營理念、精神像徵與信譽，乃至於代表著

消費者心目中對產品的定位，及其對這家企業體的感覺與印象，因而建立一個像徵網站自身及其延伸部分的代表品牌，就更加重要與迫切。以中國知名度較高的雅虎、搜狐、新浪為例，其名號不僅是網站的名稱，更像徵著該網站所提供產品的品牌，這也就是愈來愈多的實體公司名稱與所生產的產品品牌相互沿用的緣故。例如：臺灣宏碁集團所生產的產品品牌也叫做宏碁。對網站公司而言，建立一個易於引起消費者青睞、象徵網站經營信念且能彰顯商品本身特性的品牌，不啻是吸引顧客上門的方法之一。

策略二：建立網站商標

　　除了象徵網站名號的品牌外，為吸引上網瀏覽者的注意，網站經營者還應建立一個像徵網站品牌的符號或標誌，以代表網站提供的產品與服務，並利用這個標誌進行商業行為，即「商標」。當消費者在購買商品時，只要認明這個標誌，就可以找到某家公司所推出的產品或服務，因為這個標誌就是某家公司的化身或縮影。所以當代表某個網站的商標經過登記與認證後，其他的公司將不得侵犯，並且利用這一個標誌來進行銷售或服務，違者將受到法律行為的制裁。

　　這是一個到處都充滿符號的社會，在這些符號的背後，往往代表著經營者時間、金錢的投入、專業的付出與心血的累積，因為任何一個網站乃至一般的企業體，在建構一個商標時，無不絞盡腦汁、挖空心思，亟欲建立一個獨特的標誌或符號，生怕與其他網站的商標近似或雷同，引起消費者的混淆或其他商業糾紛。所以，消費者在購買產品時，總是先認清楚網站或公司的商標，因為商標無異是一種公司信譽、產品品質的保障與保證。因此，網站商標的建立與維護相當重要，網站經營者絕不能掉以輕心。

策略三：建立網站識別系統

商標的構圖確定後，其顏色可以延伸成網站識別系統，代表著網絡產業的企業色系，正足以彰顯網站的特徵與經營特色，並由網站內部散發到外部環境，藉以凝聚網站成員的向心力。對網站經營者而言，可以建構一個整體的網站識別系統標誌，從建築物的外觀、網站上顏色的呈現。到公司內部的刊物、茶杯、紙張等，都可用網站企業色系來呈現。這種整體感，除了象徵網站本身有一個鮮明的旗幟外，更代表著網站組織是一個紀律嚴明且系統化的機構，可與其他網站明顯區別。

例如：雅虎奇摩的商標以紅色為主、黃色為輔的基調，首頁顏色的應用，以紅、黃兩色相互搭配為主；網絡家庭的商標以紅、黃、藍三色組合而成，網頁顏色的鋪陳，以紅、藍兩色為主；蕃薯藤的商標以綠色為主，其首頁也以綠色來呈現。

對消費者而言，只要看到某種色系，自然聯想到某個企業、團體或網站，更代表著某個網站提供的商品與服務。再者，同樣等級的產品，顧客絕對會選擇具有良好的品牌名稱、商標設計及識別系統的產品。

策略四：加深網站品牌印象

由於網絡產業競爭激烈，網站經營者無不竭盡所能想留住消費者，因而各個網站都不斷推陳出新，推出新的產品與服務，使得網站商品的生命週期愈來愈短。因此，如何加深消費者對網站品牌印象，進而增加品牌忠誠度，並爭取到更多的消費者認同，成為網站經營者當前應面對的課題。

加深網站品牌的印象，可從增加品牌在媒體曝光率及對消費者

的滲透率兩方面著手，方法不外是透過廣告、電子報、直接郵件等營銷手法介紹品牌的特性、功能、定位及其價值，以加深消費者對品牌的瞭解或感覺，甚至產生興趣，進而在腦海中留下印象，並改變消費者的態度，待消費者對產品具有高度需求時，腦海中的品牌印象就會被激活，促使消費者購買該產品。例如：2000年6月，臺灣奇摩網站在島內各大無線和有線電視臺推出首部廣告片《你今天KIMO了嗎？》，用意就在加深網友對該網站的印象。

換句話說，消費者是被動的，並不會主動蒐集產品訊息，只有在個人需求強烈時，才會開始蒐集訊息，為自己提供決策參考。因此，網站經營者應扮演主動的角色，時時創造議題，告知、提醒消費者該注意什麼或該使用什麼？長此以往，在消費者心中，網站品牌就不再是浮光掠影，抑或片面的印象了。

策略五：建構網站品牌形象

時代在變，消費者使用產品的觀念也在調整。因此當消費者使用某項產品時，除了享受產品本身所帶來的便利與舒適外，更在乎的是產品所延伸出的價值與象徵。換句話說，網站經營者在訴求產品品牌所提供的利益之餘，也應為網站品牌建立一個消費者心目中的形象，讓消費者在使用某項產品時，感受到自己是某種形象的化身或將自己與某種形象聯繫，有助於滿足消費者對品牌的需求，吸引費者的持續性消費。

談到網站品牌形象的建構，可以邀請形象端正、高知名度且深受消費者喜愛的人士為網站活動代言，以刺激買氣，也可塑造網站品牌的形象。例如：美國「出價底限網」（Priceline.com）請到電影系列片《星艦迷航記》第一代艦長威廉·沙特做代言人；而超級名模辛蒂·克勞馥除了是Babystyle.com的董事外，也是該網站

的代言人。

此外，透過舉辦公益活動，盡網絡產業對社會服務的責任，也是一種建構網站品牌形象的方法。不管採用何種方式，都無非是為了刺激人氣，所以，創造消費者持續性且重複性的消費，乃至於建立消費者的品牌忠誠度，都值得一試。

策略六：網站品牌的延伸

由於全球景氣持續低迷，各家網站無不縮減開支以渡過景氣寒冬，再不就是避免推出新產品以減低投資風險。在此前提下，網站可以透過品牌延伸的經營方式，讓品牌跨越不同領域，接受其他市場的競爭與洗禮，其好處在於節省市場開發的成本，並借此擴大市場的範圍，爭取更多的目標市場。例如：2000年9月，臺灣104網站推出「大陸工作專區」，吸引有志前往大陸地區發展的求職者，正是擴大市場範圍及品牌延伸的策略考慮。

只是當品牌移轉到另一市場後，為了配合當地的民情、文化、消費者習性等因素，必須要將品牌再本土化，才能拉近與消費者之間的距離。對經營者而言，透過這種品牌力量的延伸與移轉的方式，讓網站品牌的生命週期延伸，也算是一種資源再開發、再利用的方法。

在講究品質與認證的時代裡，網站推出經認證與許可的品牌，的確對消費者的權益有較多且較好的保障與保證，但如何將這些正確、詳實、實時的訊息傳到消費者手中，並得到消費者的認可與接受，則有賴於網站經營者善用傳播新科技與經營智慧。

再者，網站經營者必須時常以一個消費者的角度來思考，並反問自己，當消費者從網站買回某項產品後，最在乎的與最關心的是什麼？答案就是——產品的品質與使用效益。因此，當網站經營

者致力於改善產品品質後，絕不能輕視客戶服務的重要性，也唯有真正將產品與服務做好，才是網站的永續經營之道。

五、箭牌口香糖奮鬥史

1995年，小威廉·瑞格理向他父親提出了一個大膽的想法：他們那個已統治口香糖市場長達一個世紀的家族企業應該開始銷售薄荷糖。許多年後，他回憶起當年那一幕：他的父親、當時已成功經營箭牌糖類有限公司 30多年的威廉·瑞格理一口否決：我們瞭解口香糖。

如今，由家族世代經營大型上市公司的現象正在成為一種逐漸消失的歷史「遺蹟」。不過，在父親意外亡故後接管公司的小瑞格理卻讓他們的家族企業重新煥發了生機，一改接手時銷售低迷、員工作風極其保守的父輩風範。

挑戰父親的保守思維

1999年，年輕的小瑞格理來到加拿大，成為公司加拿大分部的一把手。他隨即開始改變黃箭、綠箭和 Spearmint的配方和包裝。當時，箭牌在加拿大的銷售正在下滑，他們的產品配方幾十年都沒有什麼變化。他還推出球形無糖口香糖Excel。它後來成為公司在加拿大最暢銷的產品。

改革是永遠的主題

繼曾祖父、祖父、父親成為箭牌第四位首席執行官後，小瑞格理開始著手進行改革。有些是很小的事，比如取消不得在辦公時間

使用語音信箱的規定，並將原來上班時間必須著正裝、系領帶的規定改成應穿著適合商務場合的服裝。

有些變化則事關重大，如公司第一次制定戰略規劃；打破從內部提升骨幹的一貫傳統，從吉列公司、寶潔公司聘請高級經理人等等。他還要求為綠箭和其他品牌設計新包裝和新配方，這是他父親過去一直反對的事。

一次，在去教堂參加一個朋友的婚禮時，小瑞格理在等待的間隙隨手在一張紙片上寫下這樣的句子：「箭牌融入生活每一天」。他說，他特意讓句子裡不出現「口香糖」這個詞，這樣，在公司增加糖果等業務時這句話仍能適用。小瑞格理當年匆匆寫成的這句話今天已成為箭牌正式確定的「遠景」。

小瑞格理說，他不打算改變箭牌的核心價值，也就是將口香糖業務作為重點這一安排——口香糖已成為零售業的一種標準產品，每家零售店的收款臺旁都能有它的一席之地。箭牌說，我們認為口香糖業務還會有很大增長，但問問這些問題也是很自然的，比如：現在市場最流行的是什麼？我們都有哪些競爭對手？為什麼我們不能也搞點那樣的東西呢？

同樣也曾為自己的父親工作的帕特洛維奇說，在小瑞格理接管以後，可以感覺到公司釋放出的極大能量。

不犯錯誤就不會有創新

小瑞格理給員工們發郵件說：如果我們從不犯錯誤，那麼我們很可能就不會有創新、不敢承擔足夠的風險。他自己也犯過錯誤。他曾設想可以給口香糖添加些藥物成分，於是，箭牌投資 1000 多萬美元成立了保健產品分部，並推出了加入抗酸成分的口香糖 Surpass。但他們沒能說服零售店將這種產品擺放到收款臺旁的貨

架上，最後，到 2003 年，Surpass 還是退出了市場。

2002 年收購了好時公司未果，卻堅定了小瑞格理進入糖果市場的決心。他讓員工們在內部溝通時開始將公司稱作 Wrigley Confectionery Co.，突出「糖類」兩個字。2004 年，箭牌從西班牙食品聯合企業 Agrolimen 旗下的 Joyco 子公司收購部分資產，由此進入棒棒糖和橡皮糖市場。當年晚些時候，箭牌花費 14.8 億美元從卡夫食品手中收購了 Altoids 和 LifeSavers 等糖果品牌。

口香糖在變革中成長

35 歲那年，小瑞格理開始著手重新塑造這家享有業內偶像地位的公司。他要跟自己一向嚴厲的、多年來拒絕了他許多建議的父親所留下的精神遺產作鬥爭。

從那以後，在小瑞格理的帶領下，這家出品綠箭和黃箭的供應商從一家不敢輕言改變的公司逐步轉變為食品行業飛速增長的上市公司。它收購了一些競爭對手、對外借債並把大量資金投入研發，這些都是箭牌幾十年來從未有過的做法。

整個 90 年代，箭牌公司推出的新產品屈指可數，但僅在 2002 年一年，箭牌就有 72 個新品種上市，包括卡布其諾口味的口香糖和酸味 LifeSaver。它收購了 Altoids 薄荷糖品牌，目前正在考慮推出巧克力口味、專門為小狗準備的專利口香糖。小瑞格理說：「我不排除任何可能性。」

資料來源　箭牌口香糖的成長故事. www.esop.com.cn

六、韋爾奇的致勝人生

前美國通用電氣公司的領袖傑克·韋爾奇 1935 年 11 月 19 日出生，美國伊利諾大學化工博士，1960 年進入通用電氣公司擔任工程師，2001 年秋天自通用電氣公司退休，期間歷任通用電氣公司塑料事業單位總經理、化學與冶金部門副總裁、產品事業群執行長、事業類別執行長、副董事長、董事長兼執行長，1999 年被《財富》雜誌評為「20 世紀最佳經理人」，1984 年被《財富》雜誌評為「全美最嚴厲的老闆」。

伯樂識馬，貴人相助

1963 年，當時 28 歲的傑克·韋爾奇在通用電氣公司服務不過三年，竟然就炸掉一間實驗室。「那是我一生中最恐怖的經驗，爆炸的衝擊力量掀開了大樓的屋頂，震破了頂樓的每一扇窗戶。人人大驚失色，我從頭到腳打顫不已。」時隔 40 年，他談起來猶心有餘悸。

膽大包天的韋爾奇，才入這個全美舉足輕重的大企業，就犯下如此轟轟烈烈的「工安」事件，責任非同小可，但幸運的是韋爾奇遇到一位對科技懷抱熱情的執行長查理·李德。「那一天，他展現了高度的包容心，幾乎是以蘇格拉底式的態度來處理事件，所關心的只是我從爆炸中學到的教訓，以及我是否能解決反應裝置的流程問題。最後並質疑，我們是否應該繼續推動這項項目。」

整個過程是理性的討論，不帶一絲情緒或憤怒。「現在發生問題，總是勝過在大規模營運之後才出現狀況。」這位傑克的貴人、擁有麻省理工學院化工博士學位的李德說，「感謝上帝，好在沒有人真正受到傷害。」

韋爾奇日後待在這個企業整整 41 年，應該是和李德這位「大氣」的長官，以「身教」所彰顯的通用電氣公司集團的企業價值，有密切的關聯。

笑罵由人，一切盡其在我

身為一個數萬人組織的主帥，韋爾奇留下的「威猛如虎」的逸事也不少。1984 年 8 月《財富》雜誌甚至封他為「全美最嚴厲的老闆」。

他的行事風格強悍不妥協，因此，隨著他大刀闊斧的改革，戮力拉抬通用電氣公司的超強競爭力，鐵面無私的大裁員等，韋爾奇不斷成為媒體競封綽號的對象：「中子傑克」（因為他裁員的人數很多，像中子彈般具殺傷力）、「第一或第二傑克」（因為每一個事業部都要第一或第二名，否則裁撤）、「服務傑克」、「全球傑克」、「六個標準差傑克」與「e 事業傑克」。媒體取這些綽號，其實揶揄嘲諷的意味大過肯定。

笑罵由人，不計毀譽，正是這樣嚴厲的鞭策，加上睿智的領導，使通用電氣公司集團的競爭力始終不衰。

人才培養

事實上，人是一切事業成敗的關鍵。成功的領袖，把握的一個大原則就是：在企業組織裡營造一個「良性的教導循環」。CEO 自己就是一個「明師」，在他的「山頭」以他獨特的方式培訓接班人、子弟兵。被密歇根大學商學院教授諾爾·提區（Noel M.Tichy）尊稱為「一家領導力學院」的通用電氣公司，「當韋爾奇退休前，通用電氣公司至少有半打以上夠資格的接班候選人，」

提區說，「更不必說其他多位出身通用電氣公司、已經被其他企業挖去獨當一面的高級主管。」

「成功致勝的組織是被刻意設計成教導型組織，所有經營流程、組織結構及日常營運機制，全都是基於促進教導而建立的」，曾專項研究過韋爾奇的密歇根大學教授提區指出。

成功致勝的領導人都是良師。而人本精神，深切培養師徒之間的互動、信賴，更是關鍵。韋爾奇本人就是一位良師。他當年取得化工博士學位後，就一度想當教授。他還真的當過一對一的義務數學家教。

「說到底，教育是我一生的抱負。我一直熱衷於教學，得到博士學位之後，我甚至前往幾間大學進行面試。在我早年的通用電氣公司歲月裡，我定期在午餐期間為一名技工彼得·強思講授數學。我知道他很聰明，也希望他能重返校園」，韋爾奇在他的回憶錄中指出。

韋爾奇在接受提區的專訪時也說：「最重要的是挖掘並培養人才，而非鉅細靡遺地掌握各項業務細節。」這就回應了他早在1981年所提出的理念：人才優先，策略其次。

七、雷富禮讓寶潔再創輝煌

雷富禮是在 2000 年接任寶潔公司首席執行官的，在進入寶潔的第一天他就擺出了將給公司帶來變革的姿態。公司於 2004 年以 570 億美元收購了著名老牌企業吉列公司，雷富禮正在將寶潔轉變為全球最大的家居用品和個人護理企業。

雷富禮變革

雷富禮不僅削減了成本，重建了公司框架，還重新燃起了寶潔的創新精神。他重建公司框架的方式已成為其他許多消費品集團的範本。他還再造了企業文化，而把寶潔從一家墨守成規、內向型的公司轉變為一家開放、外向型的公司。

雷富禮把公司的重點轉回對消費者需求的回應上，而不光是想出創意設法推銷它們。他總是把「消費者才是老闆」掛在嘴邊。最重要的是，雷富禮堅稱，寶潔不該再拒絕外部的創意，而要準備買進外部的創意和技術，同時，公司該將自己開發但不能利用的技術出賣或授權給別人。寶潔現在有個部門專門做這些事，還有一個科學家小組負責蒐集互聯網和科學刊物的訊息，看寶潔可以利用哪些科技突破。結果是促成一系列產品的成功推出，比如佳潔士電動牙刷、佳潔士淨白牙貼、速易潔靜電清潔產品，以及將 MrClean 系列家用清潔品牌擴展為汽車清洗系統「MrClean Autodry」。

秘訣三　善於經營，讓你的公司
　　　　立於不敗之地

　　所有成功的企業經營者，都有成功的經驗。在這訊息全流通的經濟社會，學習他們的經驗無疑是一條捷徑。每個企業的管理者都應成為動態的學習者，面對國際大市場，對照成功的中國國外企業，你會學到什麼呢？

　　——這是你必須要體會一下的，你不可能複製他們的成功道路，而是要找到他們在當時背景下經營成功的秘訣。找秘訣，只需看一看。

一、大公司怎樣向 Google學創新

　　與小公司相比，大公司搞創新似乎比較艱難，主要原因是，有創新能力的人更願意在重點突出、官僚作風少的小組織裡工作。所以，即便是小公司，如果採取了大公司的作風，也會讓創新者失望。

　　大公司的問題不在於做不了看上去很宏偉的大項目，而是他們做不了古怪、有爭議的小項目——這才是真正的創新項目——它們不能被組織普遍接受，卻具有增長潛力。新的創意會危及大型組織的使命，因而大型組織對自己的創新者極度敵視，組織內抗拒變革的力量很強。

創新小組的運作

Google公司的創始人拉里·佩奇和謝爾蓋·布爾僱用了大量聰明而又能創新的人，把他們編成地位平行的小組，把官僚作風減到最少。

大公司不妨把相當一部分用於創新的預算投入到小項目中，這裡說的「小項目」，是指它的小組人員很少，在飯館裡圍著一張桌子就可坐下。他們可以到飯館聚會，不是去開會，而是共進午餐，藉機換換思路，或是乾脆在那裡構想好點子、新主張。

如果數年後，小組仍未能提出具體可行的點子，就應解散它們，但不能對它們加以懲罰。畢竟，計劃就該具備一定的冒險性，很多計劃以失敗告終，還有的計劃成不了大氣候。想培養創新文化，就不能懲罰那些嘗試做大事、有時會失敗的人。

要是小組提出了一些確有意思的想法，又該怎麼做呢？一個好辦法是，先不要急著投入生產，最好先走出公司，看看是否可以買到類似的東西。可能已有別的小公司（甚至可能有很多）已經嘗試了同樣的事情。

沒有內部小組，公司甚至無法與其他創新者開展有效的溝通。但有了懂得如何溝通的內部員工，你就能選擇並以實惠的價格購買外部小組，因為你能向創新者提供他們不能抗拒的條件，讓他們去實現自己的夢想，而且你的大公司基礎雄厚，同創新產生的價值相比，給予創新者的那些優厚條件是值得的。

二、科技商戰中的蘭徹斯特法則

在網絡時代來臨後，大者恆大的理論讓升上去的企業不會掉下來，似乎違反了牛頓力學，還得靠混沌理論才解釋得通，成了計算機評論大師劉易斯筆下的「零阻力經濟」現象。但是，並非舊東西便須全然捨棄。英國的蘭徹斯特（F.W.Lanchester）於20世紀初寫了《空降作戰：第四軍的興起》一書，其中提出的論點，除了在

日後為戰爭衍生數理分析，還建構了運籌學的基礎，如今更是搖身一變，成為無阻力經濟模式的熱門應用。

蘭徹斯特的理論傳入日本後，田岡信夫博士將其進一步演繹、推陳出新到商場策略上，把市場占有率當作部隊戰鬥力，營銷預算當成是作戰武器。執全球商業策略學術牛耳的美國人，自然不會忽略蘭徹斯特理論的重要性，除了早期哥倫比亞大學教授庫普曼將蘭徹斯特策略應用於美國海軍外，在眾人之智慧與時間的累積下，日漸生成一套「新蘭徹斯特法則」。

軟件業市場占有率應「適可而止」

依新蘭徹斯特理論的見解，達到 74% 市場占有率的公司，就算是獨占。這固然是企圖心極強的公司所欲攻下的里程碑，但為何不是 90%、甚至 100% 的市場占有率呢（原本的蘭徹斯特策略，主張儘可能將市場占有率推高）？理由是在電子商務下，一旦某企業的市場占有率超過 73.9%，將難以再刺激更多的需求；此外，企業將因此引來其他行業或特定公司的覬覦，讓競爭較過去頓顯激烈；更重要的是，市場占有率與獲利能力之間的相互依存關係會消失。

回顧 1996 年，微軟擁有超過 85% 的操作系統市場占有率，但微軟對這樣的戰果並不能「高枕無憂」，乃因成為競爭對手們「眾矢之的」後，它必須左閃右躲，同時還得刺激更多需求以解決「不易開創更多需求空間」的難題，更必須不斷保持高獲利，否則便會承擔股票暴起暴落的風險。

根據傳統觀點，一個企業若甩開對手，通常是以跨越 50% 的市場占有率為關卡，但遵循新蘭徹斯特策略，只要掌握 41.7% 就可成為市場領導者，而拉大與競爭對手間的獲利能力。譬如，麥卡

菲公司（McAfee）借助與騎兵軟件（SaberSoftware）合併之力，於 1995 年爭取到個人計算機網絡軟件包 41% 的市場占有率，而躍居領導地位。

至於怎麼樣才稱得上夠格的競爭者，只要企業的市場占有率超過 26.1%，就能突破格局與同業分道揚鑣，進入主流行列。倘若一家公司的產品市場占有率低於 26% 以下，不佳的獲利能力自然會令其遭受競爭者取代的威脅。在這一類狀況不穩的企業中，IBM 就曾是典型的代表。

當年 IBM 個人計算機推出後，立即沿著所有主流化產品該走的路衝刺，然後達到市場領導地位 41% 的占有水準，隨後，因喪失自己操作系統的主控權，讓市場滑落的速度就像之前攀升的速度一樣快，不消多久，市場占有率已降至不到 10% 的慘境，發生了微軟重創 IBM 的事實。

借力使力突破包圍

1943 年，德國元帥隆美爾為防止以美國為首的盟軍自大西洋登陸歐洲，沿大西洋沿岸修築了一道難以攻破的反登陸防禦陣線，即第二次世界大戰聞名的大西洋長城，然而盟軍統帥艾森豪威爾將軍最終決定由較受忽略的諾曼底作為突破點，迴避了大西洋長城的主要障礙而一舉登陸成功。

今天的科技掛帥經濟體制下的競賽者，往往也喜歡修築碉堡陣線，抵禦對手攻勢。例如英特爾控制了 80% 的微處理市場，在與軟件生意上握有廣大市場占有率的微軟結盟時，就像在個人計算機領域築起了一道橫跨業界的大西洋長城，一般謂之為「微特爾聯盟壟斷」（Wintel monopoly）。

諾曼底登陸突破大西洋長城，代表了以策略克服看似不可能攻

克的阻力的象徵，今日企業管理人已從歷史汲取教訓：既然這道防線無法遏阻科技以更優越的實力挺進，不如乾脆改變遊戲規則，轉化動力與敵方對抗。近年來個人計算機市場上，「反微特爾集團」便是圍繞這個觀點奮戰，希望奪回過去喪失的城池。

新蘭徹斯特策略吸納了日本歷史名人宮本武藏的理念：一旦遭遇難以克服的阻力時，就該採用「以靜待亂」的策略，靜待對手出錯，然後適時出手。昇陽公司於 1995年開發 Java程序語言後一鳴驚人，這是因為網景公司（Netscape）以 Java編寫領航員（Navigator）網絡瀏覽器，當時該瀏覽器正逢主流化階段，昇陽幸運搭了順風車，這項合作讓雙方在市場上漂亮出擊。

網景也以此模式與其他「反微特爾集團」的成員搭上線，企圖利用 Java具有在任何平臺都能運作的優點，不靠微軟的操作系統或其他應用程序，就能改變商戰「遊戲規則」。

有趣的是，「反微特爾集團」沒料到，這招伎倆倒是微軟更擅長。微軟改進自己的對象鏈接嵌入技術（OLE），使其能與 Java兼容，在更名為「ActiveX」後推出上市，竟然於微軟的操作系統上運作得比在其他系統來得好。這種吸收敵人優點並進而發揚光大的行為，宛如軟件業在印證宮本武藏的理論。

傚法特拉法加進攻策略

1997年，寶蘭公司掌握著主從式服務器的一部分客戶端市場，當時微軟以 62%的市場占有率位居領袖地位，領先寶蘭16%。雖然寶蘭也非等閒之輩，但相對而言，其他對手則還不夠穩定。於是寶蘭面對著「荊軻如何刺秦王」

這樣以小搏大的難題，而微軟則懷著「如何快速吞併六國，好一統天下」的野心。以弱勝強，有沒有致勝的法則，有，那就是另

一條新蘭徹斯特規則——特拉法加策略。

1850年，英國海軍上將納爾遜在位於西班牙外海的特拉法加角擊敗遠比自己強大的法國及西班牙艦隊，其所用的絕招是將自己艦隊的全部火力，集中猛攻法西陣線的某一弱點，待突破該弱點後，再朝掉隊的敵軍迎頭痛擊，那時法西聯軍已無法抵禦英國海軍的威力了。這種在現代稱之為「瞄準目標」

的管理策略，其主要精髓在於找出對方弱點定「射程」，蘭徹斯特因此從中獲得靈感，發展出令後世策略家找出「射程」的方法：法則一是假如兩家企業競爭，A公司的市場占有率少於B公司的3倍，則A就位於B的射程內。法則二是多於兩家企業的競爭，任意兩家的市場占有率若在對方的1.7倍範圍內，就算置身彼此的射程中。

所以，企業在找出對手弱點前，必須先找出誰是最弱的對手。將微軟62%的市場占有率除以3後，發現寶蘭至少需要持有20.7%的市場，才能考慮採用特拉法加策略，當年寶蘭距這個目標還差5%左右，徒然顯出荊軻匕首過短的弱勢，令其「射程」不足以刺中秦王。

借平方定律有效瞄準目標

慎選射程內的目標是網絡世界中生存的一大要件，但究竟要如何瞄準目標呢？蘭徹斯特的早期著述計算出一個結論，即甲軍實力如果遙遙領先乙軍，甲軍可永遠確保常勝將軍地位。

在第一次世界大戰前，作戰要爭取勝利必須付出極高的代價，必須全員殲滅對方不剩一兵一卒方能言勝，說穿了，甲軍的勝利不過是歷經乙軍攻擊後殘存下來的結果罷了，這一類的消耗戰不同於時下的營銷策略戰，然而講究實力、贏得全面控制的概念卻殊途同

歸。蘭徹斯特提出的問題是：「甲軍實力要強過乙軍多少才行？」答案是：如果甲軍實力等於或大於乙軍實力的平方，那麼甲軍就能勝過乙軍。

換成商場管理準則即為：「乙公司的營銷預算必須是甲公司的平方，才能從甲方手中搶走市場」。這條平方定律為非凱因斯學派在零阻力經濟市場中運作，找到了可供量化的模型，也是讓矽谷地區從車庫起家的小公司，能靠著一臺個人計算機、一支與網絡世界聯機的電話，就可以上場作戰的主要原因。

贏家由併購殺出樊籬

當市場中個個競爭者忙於殊死戰鬥而無暇他顧時，表面上看起來誰也改變不了市場占有率，但實情是誰有膽識與能耐併購，誰就有機會打破僵局。

併購的作用有如水晶球一般，可以預測未來的商業態勢。譬如1995年時，東芝操控了一部分的筆記本電腦市場，但是 NEC 緊追其後，到了次年，NEC 與帕克貝爾（PackardBell）合併組成最大的個人計算機銷售商，將 NEC 的筆記本電腦部門與帕克貝爾的桌上型計算機部門結合，成為一個穩贏的策略、不但在筆記本電腦部分「蛙跳式」凌駕東芝之上，還進一步領先所有桌上型計算機的對手。此舉令東芝羨慕之餘，也於日後決定加入桌上型計算機的戰場。

商場如戰場，從宮本武藏揮刀舞劍的時代，到今日運用新蘭徹斯特策略作為市場分析利器，商業行為已演化成博弈論下的策略遊戲。電子商務時代下的策略，講究分析工具，並須融合過去用於軍隊、現今用於企業的戰爭技巧。此外計算機科技的進步，發展了更多複雜精密的配套措施，如計算包括市場占有率、收益成長、目標

管理等，這些手段可以輔助經營策略有效實施。

三、美國康寧公司多角化經營的啟示

康寧公司是由 (CorningInc.)家用器皿製造商發展成高科技公司的，其業務範圍包括電訊、半導體、生物科技。康寧是如何由一家餐具公司轉變成高科技公司的呢？其秘訣就在於領導者高瞻遠矚，成功地開展多角化經營，使這個成立近 150年的老公司不斷抽出新枝，在飛速發展的科技時代重獲新生。

只有舍才能得

康寧公司選出三個快速成長的領域電訊、半導體、先進材料確定為公司主要業務，除此以外屬於其他行業的業務或獨立賣出去。如醫療器材雖然成長不錯，但是與公司主要發展的領域不合，因此將其獨立出去。而康寧的本行──家用器皿更是毅然割捨，賣給其他公司，與過去做個了斷。唯有這種「只有舍才能得」的魄力，才能讓公司專注在自己的核心領域中。

遠見與洞察

1999年 10月，康寧已是世界最大的光放大器生產者，而橡木企業生產的泵激雷射（pumplaser）占光放大器的成本將近一半，因此康寧購併橡木企業，不僅使貨源穩定，而且借由供應鏈的縮短來降低成本。除了橡木企業之外，公司還購買網際光纖，更與北方電訊（Nortel）商談交換股權。這種觀察市場，借由購併同業，增強本身核心競爭力的遠見與洞察力，是企業領導者的必備條件。

核心專長不能單一

康寧的核心專長不止一項，而是三項。華爾街證券專家一直建議康寧變成純電訊公司，但是總裁愛克曼認為，公司只集中在一個領域風險太大，如果電訊業出現危機，便會使公司面臨危機。而這三個領域相互協助，才可成為另一個新科技的創新基礎。

目前一些企業對多角化經營的認識仍然停留在「把雞蛋放在不同籃子」的陳舊觀念裡，從康寧經驗，我們可以知道：要做到多角化經營，必須在自己的核心專長做到第一，再去考慮涉足第二個、第三個領域。尤其是當你的企業在市場占有率達到 30% 以上，你便要開始思考第二核心專長的培養。而培養的第二專長必須要「不脫離本行，但也不僅僅做本行」。這樣才是成功的多角化經營之道。

四、韋爾奇談成為成功企業領導人的秘訣

好的領袖必須想盡一切辦法去提升你的小組

利用每一次與員工接觸的機會，對他們的工作作出評估，給予指導，幫助他們建立自信。擁有出色人才的小組通常就能勝出。因此，作為一名領袖，你需要在以下三方面投入大量的時間與精力：

（1）你需要作出評估──確保知人善用，支持與提拔那些已在正確職位且發揮優秀的下屬，移走那些錯配職位和表現欠佳的人。

（2）你需要培訓──指導與作出批評，協助下屬改善各方面的工作表現。

（3）你需要幫助下屬建立自信──激勵、關心與認同下屬。自信能令人充滿動力，令他們有勇氣去發掘潛能，接受挑戰，達到與超越他們夢想。這是一個優勝小組的動力。

好的領袖會確保小組不只是看到目標，更要為目標而奮鬥

作為領袖，必須訂立小組的目標，更要實現它。如何達到目標？首先，說話不能模棱兩可。訂立的目標不可模糊不清，否則便不會成功。你必須堅定不移地向所有人談到目標。領袖通常犯的毛病是只向親信傳達目標，卻永不會傳至前線員工。

如果你想小組達到為目標而活，當他們作出努力時，不妨給予他們「金錢」獎賞，不管是加薪或發獎金，或給予重視的認同。

領袖要散發出正面能量，保持樂觀態度

一位樂天的經理，必然帶出一支樂觀進取的小組或機構。相反，一個面無笑容的經理，他的小組亦會不開心，而不開心的小組難以獲勝。

領袖必須以公正、透明度及誠信來博取信任

你的下屬須經常知道自己的職位。他們要知道業務狀況。有時會有壞消息，例如裁員。這雖是任何正常的人都不願看見的，但你必須坦白公開，否則你的小組將失去自信與活力。

好的領袖不會盜取別人的構思歸功於自己而令下屬沮喪，不會欺上瞞下，因為他們自信成熟，瞭解到小組的成功會令整體獲得賞

識，百利而無一害。遇到逆境時，領袖會為員工承擔責任。取得成功時，他們會讚賞每位員工，絕不吝嗇。

領袖要敢於作出不受歡迎的、大膽的決定

有時你必須作出艱難的決定，譬如解僱員工、削減撥款、關閉工廠等。它們當然會惹起抱怨和反抗，但你的職責是聆聽、好好解釋自己的看法，然後執行決定。領袖要做的就是領導，不是贏取人心。何須為「選票」操心，你早就當選了。

領袖要近乎懷疑主義般打破沙鍋問到底

被領導者的職責是盡力尋求答案，領導者的職責卻是提出問題。你要不停地「不恥下問」，彷彿你是會議室裡最笨的人似的。對每個決定、計劃或市場資料，你都要問問「假如......的話怎麼辦」、「這樣有何不可」和「怎麼會這樣的」這些問題。疑問是永遠不會足夠的，你要確保你的問題能激起討論、提出可以付諸實行的事項。

領袖自己要不怕風險、好學不倦，為下屬做個好榜樣

太多當經理的只懂得鼓勵部下搞新意思，到事情搞砸了後卻光火得要揍人；太多當經理的故步自封。想下屬多作新嘗試的話，以身作則吧。

應敢於冒險，而當你冒險失敗，你不用道理多多地強辯，也不用垂頭喪氣；其實，你越能勇於承認自己的過失，下屬便越能感到

犯錯不是什麼大不了的事。

領袖應該多為員工慶祝

慶功有什麼好怕的？或許他們覺得堂堂經理搞派對看起來不專業？或許他們擔心會給當權人士不認真的印象？又或許他們怕辦公室太開心會令員工不再拚命工作？

其實慶功活動永不嫌多。慶功可以為工作環境增添認同感、營造出積極的能量。試想假如一隊棒球隊贏了世界大賽竟然不開香檳慶祝慶祝，公司所向披靡，老闆卻跟他們擊擊掌便算是慶祝，你說這是多麼不像話。幹出成績來也得不到褒獎的話，工作便太沉重了。應大肆慶祝才對。慶功這回事你不搞便沒有人搞了。

常常有人問我領袖是先天還是後天的。我的回答當然是兩者都然。有些素質，譬如智力、魄力似乎是與生俱來的。另一方面，有些領導才能，譬如自信心，是從母親、學校、學術和體育活動中學來的。其餘的則要從工作中獲得——嘗試，當犯錯了，從錯誤中學習；當做對了，從中得到信心再做、做得更好。

五、成功是失敗之母

我們常說，失敗是成功之母，但是對企業來說，成功也往往是失敗之母。

一個成功的企業為什麼會走向毀滅

一般來說，這樣的公司資源都非常豐富，也很成功，屬於肥胖

型企業。這種企業都有一種文化：辦公室環境很好，員工使用過多的資源，所有奢侈的設備都有，並且組織中充斥著不必要的、已過時的流程，因此企業無法提供客戶長期的價值，也無法顧及員工與股東的財富、安全、個人成長與其他利益。它其實是岌岌可危的。也就是說，一個成功的公司，既使大環境沒有惡化，也都可能因為自己不慎而走向滅亡。

像這樣的故事，在企業界是經常看到。我們常說，失敗為成功之母。但是對企業來說，成功同樣是失敗之母。成功的企業可能會過於自滿，一方面無法擺脫過去，一方面無法創造未來。無法擺脫過去的原因在於，這樣的公司都有很棒的紀錄，而且它的期望與表現之間沒有差距，造成對現有表現自滿。另外，成功幫助企業累積了很多資源，資源充裕之後，就認為資源會戰勝一切、資源可以取代創造力，這樣的企業會因此沉溺在過去成功的美夢裡。

當這樣的事情發揮到極致，也就是每個部門幾乎不再有創意，並且墨守成規、積習已深，不知道變革時，一旦外在環境改變，便無法適應新的遊戲規則。可怕的是，過去的成功證明策略是正確的，所以當策略必須修正的時候，企業還會認為它不必改變，因此不能再造領導力，更無法創造未來，這是成功的企業逐漸走向毀滅的階段。所以我們會發現，對公司來講，成功未必是好消息，成功將面臨更大的挑戰。

面對環境的改變，企業領導人要怎麼處理

葛洛夫在《十倍數時代》一書中曾經提出一個概念叫「策略轉折點」。葛洛夫強調，這個轉折點的發生，大概可以從企業內部的氣氛感覺出來。譬如：（1）企業經營階層心中煩亂。也就是說，主管階層感到業績無法成長，但卻又說不出確切的原因。（2）別

人都以為你在做某件事，但是其實你不是。也就是別人觀察到的事情，與實際情況有落差。（3）公司內部非常混亂，相同小組的成員對策略各持己見，爭論分裂。（4）中高層經理人不知該在什麼關頭，採取正確的行動，挽救公司。

適應環境的改變，有三條策略可資借鑑，那就是：差異化、低成本、彈性。過去我們在談差異化、低成本的時候，我們所看的情境都是一個國家的企業，它的很多價值活動，研發、生產、營銷可能都發生在同一個國家，但是現在面對的是全球競爭的時代，問題就不大一樣。除了考慮差異化、低成本與彈性外，還要考慮必須在哪些國家營運。日本權威商業戰略家大前研一表示，有三個國家或區域（三極強權）一定要去，美國、歐洲與日本，這樣才能掌握競爭者的行動，在必要的時候採取報復的手段。

此外，還要考慮價值活動的國際配置。生產擺在開發中國家、研發擺在已開發國家，顧客服務中心可能擺在印度，因為那裡人工便宜，大家又會說英語。最後，這麼多活動散佈在不同國家，企業要如何整合與協調？面對環境改變，多數企業都是選擇在現有產業中努力，其中包括：（1）強化企業體制，也就是降低成本、提高效率與改變流程。（2）創新，提供新產品、新製程與新服務方式。（3）改善與客戶的關係，提供協助、共同解決問題與策略聯盟。（4）國際分工。也就是國際化，將企業活動散佈在不同的國家，每個國家都有不同的優勢。（5）運用科技，特別是訊息科技的運用，如電子商務。最後，在知識經濟的時代，最重要的是強調學習與知識的創新，但是公司也必須協助員工吸收知識。

也有一些企業會朝多元化經營。企業要跨入另外一個產業時，最大的挑戰就在於能力。企業應該自問，有沒有能力進入？以一個傳統產業要跨入高科技業，是不是具備了足夠的知識和人才？解決這個問題可以依賴網絡關係與策略聯盟，利用與供貨商或客戶的關

係，找到好的人、好的產品。同理，對於能力不足的地方，也可以透過策略聯盟的方式合作。

至於彈性這個策略，首先是地理多角化，讓產品在不同國家與市場賣；其次，企業可以建立一些彈性。譬如，原料價格比較難掌握，所以可以採取70%的原料訂長期契約，30%是來自現貨市場。最後，生產活動可以分佈在多個國家，降低因環境變動所帶來的風險。

整體來說，企業經營的模式正在轉變。過去比較強調產品驅動的經營模式，就是生產什麼賣什麼；後來比較強調市場驅動的經營模式，也就是市場要什麼賣什麼；現在是知識經濟時代，比較強調知識驅動的經營模式，因而只有使用累積或創新的知識，才能改變企業經營的方式，讓企業立於不敗之地。

六、小公司怎樣賺大錢

《小公司賺大錢》一書的作者竹田陽一曾在日本調查機構東京商工研究中心任職16年，發現創業公司經過一年之後，約有4成會歇業，僅有不到2成能超過10年。他實際採訪、調查過3500家日本企業及1600家倒閉的公司後，歸納出小公司的成功秘訣。

想創業，首先必須問自己「想做什麼」。這時候，回想一下自己以前做過的工作，最喜歡哪個部分？哪種商品？若以前接觸過的商品與顧客，自己都很喜歡，那創業成功率自然相對提高。然而，1000家公司中，有995家是弱者；剛創業者，當然也是其中一員。因此，弱者要有自己的戰略，不可跟強者相同。

弱者戰略絕對與強者不同

小公司的攻擊戰略，在於把目標集中在自己所擅長的事務上，先在小規模的市場或特定項目爭取第一。絕不可進入有強勢對手的戰場，並在競爭對手不知情的情形下，悄悄行動。簡言之，就是問自己想在「哪裡」販賣「什麼」，而「成為第一名」。

以目前越來越熱門的人力派遣公司來說，由於企業外包已成全球趨勢，人力派遣公司也面臨競爭激烈的局面。為了做出市場區隔，日本出現一家提供「夜間專用人才派遣」服務的公司，營業時間是從晚上 11 點到早上 6 點，所提供的人力，也是能在夜間工作至凌晨的工作者。由於一般大企業因支付深夜上班津貼而造成人事成本提高，一般人力派遣公司又少有專門提供夜間工作者的項目，因此，這家別出心裁的公司抓住獨特賣點，在競爭激烈的人力派遣市場占有一席之地。

此外，在競爭激烈的旅遊業，也有小型旅行社針對特定客層而獲得成功。例如，「HIS」旅行社鎖定學生與自助旅行愛好者，業績大幅成長。另一家「NikkoTravel」則專門服務 70 歲以上的銀髮族，把一般四天三夜的行程規劃為時間充裕的七天五夜，並特別強化導遊水準與健康管理的服務。雖然團費較高，卻大受銀髮族歡迎，子女也會鼓勵老人來參加。

科技是小公司的「最佳員工」

創業之後，營運需要靠人的力量，而科技往往可以為小公司節省成本、增加效益，卻不會喊累要求加薪，可以說是最理想的員工。

另一本書《創業致富 201 個妙主意》提到，價格合理的科技工具，讓創業領域的遊戲規則變得更平等，任何小公司都有機會跟擁有更多資源的大公司一樣專業且具競爭力。其中，好的通訊設備更

是所有成功事業的核心根基。

除了基本的計算機，小公司還應該購置幾項科技設備。包括：計算機備份系統，別天真地認為你的計算機永遠不會死機或中毒；彩色多功能影印機，繽紛的色彩可以讓你要給客戶的文件顯得更重要，而且還可傳真、影印、掃描；另外，還有視訊會議設備、PDA等。

有了這些設備之後，要讓每個員工都會使用，才能發揮最大效能。在購買新軟件前，也可以先詢問員工，什麼樣的軟件可以提高他們的工作效能，並且排定訓練進度。

此外，別放過網絡的商機。幫你的公司架設網站，而且不是架好之後就放在那邊不動，每週至少更新一次訊息，並善用網絡營銷，開拓電子商務的功能。

七、量身訂做你的成功策略

如果你正在思考未來的策略，需要提醒你的是，直接套用教科書或其他公司的策略，並不能確保成功。這裡推薦四大要素，幫助你擬出一套適合自己的成功策略。

美國兩大零售業巨子克馬特超市與沃馬特百貨，以不同的策略搶攻市場。克馬特的策略性假設為：提升商品品質和商店氣氛，市場占有率將會增加；沃馬特的策略性假設則是：全面調降商品價格，市場占有率將會增加。十年來，這兩種假設的勝負已分：沃馬特不斷從克馬特手中搶走顧客。

這兩種假設其實都有道理，可結果卻恰恰相反。究竟什麼樣的策略能夠成功？美國知名的企業管理顧問 Evan M.Dudik在《策略復興》（Strategic Renaissance）一書中指出，由於每家公司的

情況不同，並無可以套用在所有公司的策略公式。在制定策略時，企業必須掌握四大關鍵：找出對企業有利的策略性假設、檢視假設、找出自身與對手的優缺點、善用互補性。此外，企業必須創新，運用和別人不同的策略，主動創造與開發機會。當然，能夠有效執行策略，更是成功的臨門一腳。

　　一套策略理論的框架基本上是建立在「一家公司對未來市場、顧客及競爭動態的預測，以及該公司若採取何種行動，這些要素會如何改變」基礎上的。想要證明理論是否適用，經理人不妨多回答幾次「如果......結果......」的問題，思考什麼樣的情形，會產生什麼樣的結果。你提出的假設和結果越接近事實，從這個理論衍生出來的策略就越實用。

企業制定策略時應該注意四個要素

1‧策略性假設

　　在制定策略時，經理人首先應該思考關乎公司未來生死存亡的策略性假設，也就是「如果我們採用此一策略，公司會不會因此反敗為勝，或是更上一層樓？」倘若答案是否定的，你可能要重新去制定一個更好的策略。

2‧如果......結果......

　　如果某公司宣稱，他們將在每一個市場占據第一或第二名，這是一種目的，而非策略。策略應該像「如果我們投入多少資源於新產品開發，便能及時推出上市，以和康柏計算機的同級產品一爭高下，而且價格低 3%到 5%」，這就是「如果......結果......」的形式。

3‧樞紐與鐵錘

樞紐是公司原已鞏固的部分，可以發揮防禦功能，而鐵錘則是公司放置未來主力的部分，發揮的是攻擊功能。公司總希望一鐵錘打下去就能夠奏效。不過在攻擊之前，須視公司的防禦樞紐是否夠堅固。換句話說，你必須有把握守得住，才能考慮全力出擊。例如，微軟以其操作系統為防禦樞紐，逐步擴張勢力到其他軟件領域，結果擊敗了蓮花公司的電子錶格應用程序及 IBM 的辦公軟件。

4 · 互補原則

良好的策略應該具有全面性，例如，如果你決定產品要賣便宜些，就要想辦法吸引顧客多買一點，產生互補。高斯高公司的商品單價很便宜，但要求消費者一次要買的量比較大，這樣就符合了互補原則，難怪該公司敢打出「我最便宜」的廣告。

能夠獲勝的策略必須與眾不同

當麥當勞面臨業績衰退的窘境時，它採取和別人一樣的措施：推出調降價格的超值餐。可惜未過多久，漢堡王與溫迪漢堡也陸續跟進。之後，麥當勞又嘗試推出新的成人三明治，也失敗了。最後，麥當勞針對兒童顧客，把漢堡和看電影結合起來，終於成功了。因為這一次的策略非常不同，重點不在產品或價格上，而是讓顧客視吃漢堡為一種娛樂。

策略除了要創新，還要持久

經理人必須認識到一個新的競爭現實：以後可能沒有所謂的「持久競爭優勢」這回事了。面對網絡世界的來臨，幾乎任何新產品過幾個月就變成舊產品，而且低價格也不再是可靠的優勢。所以

只做到與眾不同還不夠，你創造的競爭優勢必須持久，否則競爭者很快就會模仿你，你的優勢也就不再擁有了。

取代持久競爭優勢的是創新與開發模式。在實驗過程中，當某個方案顯露出更大的成功潛力時，公司必須立即給予更多的資源。當然，如果這些明日之星一炮而紅，接下來，管理當局可能必須將責任交給一些擅長守成的經理人。而那些長於實驗的老手，仍需回到老本行，去繼續開發更多的明日之星。只有如此，公司才能持續尋找到新的財源。

在一些傳統領域也能找到持續創新的例子。例如，美國 UPS 快遞服務公司努力提高快遞服務的效率，幾乎已到了走火入魔的地步。送貨員被施予嚴格的訓練，以便能夠更快地出入貨車、送貨時不熄火就下車，甚至冒著被開違章停車罰單的風險。到了 20世紀 80年代中期，優比速又進入空運小型包裹的快遞服務領域，成功地打入了國際市場。

特別注意彈性的問題

1992年，日本馬自達公司在廣島蓋了一座工廠，在當時來說，該廠是全世界最先進、最有效率的汽車製造廠。可是當工廠所生產的汽車款式因過時而造成滯銷時，該廠卻因為當初未考慮彈性問題，結果難以轉型為製造他款汽車的工廠，如今全廠多半生產資源閒置，無用武之地。

領導者應該盡全力為企業量身訂做一套策略，創造適當的企業文化，並成功地執行策略。如此，企業才能在市場激烈的競爭中，有如美國零售業佼佼者沃馬特百貨一樣，成為商戰中常勝的贏家。

八、留住寶貴的知識財富

老員工是公司的寶

老員工成批退休，該怎樣防止他們的關鍵知識也隨之而去？這些五六十歲的經理人往往擁有最有價值的知識和經驗，可是大公司似乎甚少賞識這樣的才智。為了削減成本，許多僱主不顧涉及年齡歧視的訴訟案正不斷增加——打算甩掉那些 50 歲以上的人——這是極為短視的政策。公司將最有經驗的員工掃地出門，就可能在不經意間把下一批員工還沒有來得及學習的關鍵知識也掃出去了。也許過不了多久，公司就要後悔，因為調查顯示，單是那些自願退休的員工，就可能給公司帶來危險的知識流失。失去了這些人的智慧，公司想要重新獲得，往往需花極大的代價。

留住老員工的知識

幸運的是，少數聰明的機構，包括通用電氣公司、道氏化學公司、諾思羅普·格魯曼公司等正在尋找及時留住老員工的知識並傳給年輕一代的方法。它們的做法也許能為其他公司提供榜樣。這些做法還顯示出，對於那些職業生涯臨近結束以及剛剛開始工作的人來說，職場遊戲規則將會出現怎樣的變化。

美國的統計數字顯示：到 2010 年，美國的職工有一半在 40 歲以上。數千萬嬰兒潮時期出生的人在本年將滿60。在接下來的十年，他們會大批大批地退休，或者離開目前的全職職位。麻省理工學院老年實驗室研究人員、勞動力部門主任戴維·德隆說，知識流失風險最大的公司，是那些「擁有固定的文化傳統、成立時間超過20年的公司」。德隆還是《失去的知識：應對勞動力老齡化的威脅》一書的作者。他說：「這類公司有許多已經削減了規模，剔除

了中生代員工。所以，這些組織存在著年齡分化現象：不是快退休的白髮老人，就是一大批 20至 30歲的年輕人，年紀介於兩者之間的人不足。」

　　許多人力資源經理都擔心，在「白髮老人」大批離開後，年輕的員工不能接班和獨當一面。不久前，波士頓的諮詢公司 Novations Group調查了2900名人力資源工作者，發現僅有三分之一的人認為他們有足夠的人才儲備，可以在嬰兒潮一代員工退休後，保證公司的正常運轉。參加調查工作的保羅·特裡指出：「許多大公司的領導力危機已經迫在眉睫。它們的後備管理力量比以往任何時候都要薄弱。」麻省理工學院的德隆說，在那些缺乏轉移關鍵知識的體制或體制不完備的公司，「年紀輕輕的經理們終將被推到不能勝任的職位上。無疑，他們當中有些人會創造性地找到成功的方法，但多數人更可能感到疲於應付，甚至經歷失敗。這將給公司帶來無法承受的更大人員流動。」看來，對待知識流失還真不能等閒視之。

留住知識有秘訣

　　要保住這些關鍵知識，自然得從鑒別這些知識是什麼，目前誰掌握了這些知識開始著手。知識管理專家把組織的關鍵知識分成兩部分：顯性知識，指那種易被量化、解釋和保存的技術能力；隱性知識，這種知識要複雜一些。諾思羅普格魯曼公司知識管理主管斯科特·沙法爾說：「隱性知識更難於獲得與交流。它存在於我們的頭腦之中，包括事實、掌故、偏見、錯誤觀念、洞察力、朋友與熟人組成的關係網，以及發明創造性問題解決方案的能力等。」你可以透過閱讀指導手冊得到顯性知識，而隱性知識通常需要憑多年經驗的積累。

良師指導對於傳授隱性知識特別有用。1995年，道氏化學公司啟動了培養新領導人的戰略，它主要依靠一套正式的指導課程。例如，公司的訊息總監和共享服務部門的副總裁達夫·開普勒就受指派向六個人提供指導。每個月，他們都要和這六人單獨見面，追蹤他們的進步情況。此外，他們還向另外六個人提供非正式的諮詢。道氏首席執行官安德魯·利維裡斯說：「別人不會在一夜之間就相信導師制度很重要並在上面投入時間和精力。但如果你一開始就站在著了火的月臺上，情況會有所改變。」他這話的意思是說，「讓客觀環境創造出緊迫的需要」。

不過，單是傳統的導師制價值有限，原因很簡單：它通常只向受指導的員工展示一個人的專門知識。因此，國防承包商諾思羅普格魯曼公司創建了「實踐社區」，即在公司範圍內成立小組，面對面接觸或在網上開會，以共享訊息。

通用電氣公司創造的知識傳授機制是「行動學習小組」。在「行動學習小組」裡，從事生產、銷售、市場營銷、法律、財務等不同工作的人們聚集在一起，解決一些特殊問題。公司挑選出一些年輕經理加入小組，同那些更年長和更老練的同事一起，「接觸重大項目和工作，但同時又保證不出差錯。你可以邊工作邊學習，並不斷看到有關你工作表現的反饋意見。」通用電氣首席學習官鮑伯·科卡倫說：「搞行動學習小組的好處之一，是鼓勵人們多方面學習，不限於本職工作。它一定程度上避免了在嬰兒潮一代退休後，你說出『天哪，這事只有阿列克斯知道怎麼做』這樣的話來。」

想留住老員工的關鍵知識的最好方法還是留住老員工，至少讓他們繼續做兼職，直到他們把所知的都傳授給別人。

幾家有創新意識的公司走在了前面。比如馬薩諸塞州坎布里奇的德拉珀實驗室。該公司為聯邦政府和私營企業做高技術研究，今年在美國退休人員協會「最善待 50 歲以上人員」僱主排行榜上排

名第一。公司的人力資源主管珍妮·貝努瓦說：「我們的員工平均年齡是42歲。我們有很多上了年紀的員工，他們可以輕鬆地退下來。」

然而，德拉珀留住了那些科學家以及他們頭腦裡的關鍵知識，主要原因就是給了他們極大的靈活性。他們當中有的人可以休半年假，有的一週只工作三天，只要能讓他們發揮餘熱，什麼樣的工作方式公司都會同意。工程師菲爾莎·撒特洛今年61歲，做過31年的項目管理，管理過GPS衛星追蹤軟件等項目。她於去年5月份「退休」，過了一夏天后，她又回到公司，每週工作20小時，享受全額福利。撒特洛把大部分時間用於記錄她的關鍵知識。她解釋說：「我把怎麼做計劃、怎麼管理項目全都寫下來，每一步都寫清楚，讓別人能重複我的做法，並在此基礎上繼續改進。這可能要花掉我三年時間。幹完這個之後，只要我還有興趣，我還將繼續留在這裡。」

一些公司還採取了另一種方法：匯聚資源。

2001年，寶潔公司開始擔心，嬰兒潮一代大批退休將嚴重削弱它的研發部門。曾與寶潔共同開展過研究項目的禮來公司也有同樣的擔心。為此，兩家公司成立了Yourencore.com網站，這是一家屬於已退休或半退休研究人員和工程師的在線網絡，專為短期研發項目提供人才。不久前，另外兩家公司——波音和國家澱粉化學公司也加入了這個擁有470位科學研究人員的數據庫的組織。

與Yourencore網站簽約的人參與項目後，將按小時領取費用。他們通常在做諮詢的同時還去教課。哈維·阿爾傑裡今年64歲，是克里夫蘭的一位工業工程師。他的「退休」生活無疑將在不久後成為典型。他每週有兩天在當地的一個社區學院裡教課，同時還做項目諮詢。目前，他已透過Yourencore為禮來公司的一個項目做諮詢。

「這種方式非常好，因為以前我做諮詢的時候，要自己去找活兒幹，這奪去了我授課的時間。」阿爾傑裡還說：「Yourencore 網站負責諮詢人員的安排以及文書工作，我喜歡確定了開始和結束日期的項目。」

當然，公司要從前任老員工那裡獲取知識，完全可以在內部建立自己的Yourencore。問題在於，既然這些員工已經退休了，誰也保證不了他們願意回來，哪怕是做兼職。你願意失去這些人花了大半一生才學到的東西嗎？如果不願意，現在是你認真行動起來、阻止這種知識流失的時候了。

九、邁向成功的心理素質

下面這些邁向成功的心理素質，你可以應用它們在任何的領域裡，無論是溝通，還是設立目標、時間管理、領導組織，都可以應用這些原理和定律。

堅信

當你對某件事情抱著百分百的相信，它最後就會變成事實。當你擁有夢想時，很多人可能會笑你，甚至說些風涼話，遠離這些人，找到志同道合的人一起互相切磋，互相勉勵，三年五年後，你將發現你已經超越自己，甚至把當初說你風涼話的人遠遠拋在身後，你們已經有了層次上的差別。

這世界是一個分享的世界，這世界也是一個堅信自己會成功就可能成功的世界。問題的關鍵在於你付出多少心力，會持之以恆嗎？會懷疑嗎？會想半途而廢嗎？會怕吃苦孤獨嗎？

以上所說的心理，每個人都會有的，你我他都是一樣，誰能「挺得住」，堅信凡事必有「極佳的未來」，那麼這世界就是一個分享幸福快樂的世界。

期望

期望定律告訴我們，當我們懷著對某件事情非常強烈的期望時，我們所期望的事物就會出現。期待也是期望的一種，期待一封友人的信，等待一個好消息，期待一本書的完成等等，這都是需要先付出心力與時間，然後才有期待等待的美好心情。

情緒

情緒定律告訴我們，人百分之百是情緒化的。即使有人說某人很理性，其實當這個人很有「理性」地思考問題的時候，也是受到他當時情緒狀態的影響。「理性的思考」本身也是一種情緒狀態，但「感性的追求」是減低情緒低迷的關鍵因素之一。

人的情緒會受外來環境的影響，唯有「愛與關懷」可以破解；透過藝術陶冶，獲得心靈的啟發與感動，讓心靈獲得紓解，自然能引起善念的循環，有了善的循環，人的情緒自然容易控制。所以人百分之百是情緒化的動物，而且任何時候的決定都是情緒化的決定。

因果性

任何事情的發生，都有其必然的原因。佛經說：「因緣會遇時，果報還自受。」有因才有果，換句話說，當你看到任何現象的

時候，你不用覺得不可理解或者奇怪，因為任何事情的發生都必有其原因。你今天的現狀結果是你過去種下的因導致的結果。

吸引

當你的思想專注在某一領域的時候，跟這個領域相關的人、事、物就會被你吸引而來。人生是發自於你內心的存在，而不是用外在物質來證明的。其實吸引法則也稱為散發或魅力法則。

態度是魅力法則一個非常重要的因素。你的自我形象經由你的態度傳遞或投射給其他人。如果你希望別人對你很友善、仁慈和寬大，那麼在你對他們的態度中，你就必須要散發出這樣的特質。

重複

任何的行為和思維，只要你不斷重複就會得到不斷的強化。所謂「絕招」，就是簡單的招式練到極致。

累積

很多年輕人都曾夢想做一番大事業，其實天下並沒有什麼大事可做，有的只是小事。一件一件小事累積起來就形成了大事。白居易有首詩：「千里始足下，高山起微塵，吾道亦如此，行之貴日新。」相信從這首詩中你可以體悟累積努力的必然結果。

相關性

相關定律告訴我們：這個世界上的每一件事情之間都有一定的

聯繫，沒有一件事情是完全獨立的。要解決某個難題最好從其他相關的某個地方入手，而不只是專注在一個困難點上。

專注

只有專注於一個領域，才能在這個領域有所發展。所以，無論你做任何行業，都要把「做該行業的最頂尖」設為目標，只有當你能夠專注的時候，你才會出類拔萃。當自己在一個領域已經有所成時，請別忘記，要吸收學習相關領域的知識，想想我們前面談到的相關定律，這些專門領域看似不相關，卻可以幫你拓展成功道路。

需求性

任何人做任何事情都帶有一種需求。尊重並滿足對方的需求，別人才會尊重我們的需求。當然你不能只有空想，還必須要去行動。你必須要去「尋找」這個國度，用才智去追尋這個念頭。

十、怎樣才能贏

怎樣才能贏？贏的要素都在這個「贏」字裡。「贏」這個字包含了五個單字的秘訣，這裡面包含了五個贏家所需具備的態度。

第一字秘訣——亡

亡代表要有危機意識。我們必須要隨時瞭解我們所處的環境變化，過去成功的經驗往往是未來失敗最大的主因，安逸的日子過久了，我們會越來越喪失鬥志，有一個敵人或競爭者的好處是，它至

少不會讓你懈怠。亡也可以表示「無」的意思，要學習讓自己歸零，對很多人、事、物不要有主觀的成見，能多方瞭解彼此的需求。亡也可以很單純是死亡或結束之意，雖是結束，但生命的週期是無限開展的，它更像徵了機會與無限的生命力。

第二字秘訣——口

口代表溝通。必須把你的想法告訴下屬，要在不同的場合中宣示要達成的目標與決心。當年孫中山創建民國，他雖然沒有參與戰事，但他卻不辭辛勞在海外奔走，向僑胞募款並宣揚民主理念。成功的溝通是雙向的，除了有良好的言語表達能力之外，也要有傾聽的能力。聽得清楚，有助於瞭解彼此的需求，更有助於自己陳述論點。

第三字秘訣——月

月指的是時間。任何贏都需要時間的積累，需要在歲月上下工夫，泡沫式的英雄作風最後總如曇花一現般地消失無蹤。球賽選手要有很嚴格的訓練，他無法從書本中得到贏球的技巧，必須在一次一次的比賽中掌握自己的優勢，訓練自己的膽識與應變能力。月也代表親身的實踐，代表你無法只用命令方式，讓別人來助你成功，而是要以身作則，以德服人，那時就會像眾星捧月一般，閃耀著燦爛的光芒。

第四字秘訣——貝

中國最早以貝為交易的貨幣。因此貝可以簡單地說是錢，然而

有錢就一定會贏嗎？這倒也未必，有的人雖然沒有錢，但是他有技術，有智慧財產權、商標專利、良好的人際關係、跨國性公司的經營管理經驗等，這些可能都是無形的資產。因此「貝」就廣義而言，應是籌碼，是可以為自己加分的要素，它可能就是一個人的獨特性，而要如何增加自己的籌碼呢？在知識經濟的時代裡，隨時增加自己的知識，保持學習的態度，就是最好的紮根方法。

第五字秘訣——凡

凡指的是平常心。我們努力去爭取勝利，但是最後的成績，往往不一定盡如人意。中國人說：「塞翁失馬，焉知非福。」在每一個失敗中都含著成功的因素，我相信從失敗中學到的東西，要比從成功中學到的東西多得多。沒有失敗過的人很難達到人生的頂峰，有人失敗了卻選擇放逐自己，不願面對自己及人群。而平常心會讓我們調整步伐與心情，在比賽中，一局失敗還有下一局，一場比賽之後還有下一場，只要我們不離開球場，我們就會有贏的機會。

堅持在專業的領域裡混出個名堂來，這是贏家思維，不要半途而廢，不要見異思遷，成功總是屬於那些堅持到最後的人，因為他們知道：人生不是賺到，就是學到。

記住下面的關鍵細節

●尊敬你的敵人，因為他讓你進步。

●找到自己的才能，那是你最珍貴的資產。

●成敗都是學習，堅持就有機會。在每一個失敗中都含著成功的因素，從失敗中學到的東西，要比從成功中學到的東西更多。

秘訣四　抓住人心，讓你的公司再造奇蹟

　　成功的企業，管理上也是出色的，尤其是在對人的管理上都有獨特的地方。說白了就是有管理的秘訣。企業的成功是經營的成功也是人才的成功，打造成功的企業必須擁有人才、使用人才和保住人才，怎麼做，這裡一定有秘訣。

　　──這是你必須掌握的。

一、請員工幫你找員工

　　據美國《勞動力》雜誌報導，如果公司有善用員工推薦人才的做法，不僅省錢省時，而且能提升選才品質，減輕人力資源部門的負擔。英特爾公司就是採用這種方法，他們給予員工獎金及獎品，鼓勵員工替公司推薦人才。透過這種做法，如今公司新進的員工中有一半都是老員工介紹而來的。

請員工推薦人才的三大優點

　　●比起刊登廣告、透過人力中介公司等選才渠道，由員工介紹的選才成本比較低。

　　●當員工推薦求職者時，對方通常都已從員工那裡得知公司的情形，並且已經準備好轉換工作，公司可以盡快面試或僱用，縮短選才時間。

●透過員工找到的求職者，一般比透過廣告吸引的求職者素質高。俄亥俄州立大學的一項研究顯示，經由員工介紹僱用的員工，比透過其他方式僱用的員工，離職率低25％。

員工願不願意幫忙有不同的原因

紐約「介紹網」（Refrerral Networks）公司專門幫助企業推動員工替公司介紹人才的制度。該公司最近完成的一項調查顯示，員工願意替公司介紹人才，42％是因為他們想幫助朋友找到一份好工作，24％是為了幫助公司，另外24％則是為了得到公司的獎勵，包括獎金和抽獎等。

現在一般公司平均只有5％的員工會替公司介紹人才。調查顯示，員工不曾替公司介紹人才的三大原因是：沒有適合的朋友可以介紹給公司；擔心如果介紹沒有成功，會對自己產生負面影響；推薦程序過於麻煩。

英特爾抓住了員工的心理，除了以高額獎金獎品吸引員工外，也在執行流程上下功夫，使得員工願意參與。公司將推薦辦法放在公司網絡上，員工可以上網查看所有相關細節。此外，公司將職缺及所需條件列在網站上，員工可以直接轉寄給朋友，而且員工可以在網站上填寫介紹表，被推薦者也可以直接透過網站傳遞履歷表，整個過程清楚方便。

此外，在收到介紹資料後，英特爾也會盡速處理，並且隨時讓介紹者與被介紹者都知道公司處理到什麼階段。因為公司明白，如果員工發現他們推薦的資料石沉大海，或者推薦後常需要幫朋友向公司詢問處理情形，員工以後再推薦的意願便會降低許多。

假如你試過各種方法仍然找不到適合的人才，那麼就試試英特爾的這條經驗——請員工幫你找員工吧！

二、部屬為什麼不會管理時間

　　你明明已經說過很多次，告訴員工該如何好好管理自己的時間，卻還是沒有什麼效果，拖延的情況不見任何的改善。原因到底出在哪裡？

這是心理方面的因素

　　管理最常犯的錯誤，便是錯把表面的行為舉止視為問題的所在。事實上，外在的行為反映的是內心深層的焦慮或是恐懼，如果沒有深入瞭解員工的內心，解決心理層面的問題，只是不斷地去糾正他們的行為，反而會適得其反，讓問題更為嚴重。

　　其實，員工永遠無法準時完成工作的問題，可能不在於不懂得如何管理時間，而是心理方面的因素。加州大學安德森商學院教授史蒂芬·博格萊斯在最新一期的《哈佛商業評論》（Harvard Business Review）中指出，要幫助時間控制總是出問題的員工，不是告訴他們如何有效率的運用時間，而是要瞭解他們內心的焦慮或是恐懼，設法幫助他們化解這些負面的感受，才能真正的達到效果。

　　博格萊斯將工作時間造成自己與小組幹擾的人分為四大類，剖析他們內心的問題，進一步提出應對的建議。

教授的建議

1．先發制人

這種類型的員工非常有紀律，對時間斤斤計較，總是要求自己

一定要在規定的期限之前完成工作，而且是大幅的提前完成，這樣可以讓他們覺得所有的事情都在自己的掌控當中。他們不喜歡混亂、不確定，或是自己無法掌控的事情，但也因此缺乏彈性，更不喜歡小組合作的方式，因為這樣有太多不確定的因素，會讓他們很沒有安全感。他們的眼裡永遠只有自己，往往不顧其他人的感受或是小組的需求。而且，提早完成工作的行為，也會引來同事的不滿，認為這是他們用來邀功、拍馬屁的計謀。

面對這種類型的員工，最好的方式就是讓他們直接面對內心對於混亂或不確定的恐懼。你可以讓他擔任某個項目或是工作小組的領導人，學習如何為別人承擔責任、顧慮到他人的需求，如何接受不在預期範圍內、來自其他人的要求，讓他們變得更有彈性。

2．討好別人

這些人對於他人的要求常常是來者不拒，因此嚴重耽誤了自己的工作進度。這一類型的員工缺乏自信，希望能夠做得更多，贏得別人的肯定、受到喜愛。然而，雖然表面上答應別人的要求，長期下來心裡卻累積了許多的不滿。

最常見的情況就是進行跨部門的項目時，這一類型的員工常常不懂得拒絕來自其他部門的要求，做了太多不是自己分內的工作。對於主管來說，必須時常注意這些人的工作情形。一旦發現上述的情形，一方面主動找其他部門的主管釐清彼此的工作職責；一方面讓部屬知道這樣做是不必要的，他們有權可以拒絕這些不合理的要求，但不需要指責部屬。另一方面，你也應該多多給予鼓勵或是讚美，增加他們的自信心，這樣他們也不需要透過做得更多，來得到他人的肯定。

3．完美主義

這些人為了達成心目中完美的標準，總是一再拖延時間，永遠

也無法確切回答完成的時間。而且為了追求完美，他們無視一切規則或是規矩。

完美主義的人認為，必須有非常突出的表現才能成功或是被組織所接受。他們非常害怕被批評，因為他們認為這是對他們個人的否定，所以一定要做到最好，才肯出手。

你可以鼓勵他們在完成工作之前，儘量找其他的同事討論，或是隨時隨地做進度報告，請主管或是其他人給予一些改進的建議。這樣做有兩個目的：一方面透過頻繁的討論，讓他們學會接受別人的意見，避免產生採取抗拒的心理。另一方面，也可以讓他及早做出調整，以免等到最後完成時，結果發現不符合你所要求的，反而挫折感更大。

4・慣性拖延

這是最常見的時間運用不當的類型。這些人總是習慣拖到最後一刻，才熬夜加班趕進度。

慣性拖延的人與完美主義者有一個共同點，對於自己拖延的行為一點也不覺得有錯，他們可是有理由的，只是理由各有不同。完美主義者是為了讓工作做到最好，達到自己心目中的完美標準。但是慣性拖延的人是因為害怕自己無法達到所要求的標準，害怕因此受到責罵，所以一拖再拖。

面對慣性拖延的人，最好的方式就是消除他們擔心做不好的恐懼。主管應事先溝通準時完成工作的重要性，並提醒他們哪些地方因為時間的關係而無法做到最好，可以事後再調整，這樣的做法可以減輕他們的心理負擔。

時間運用不當，其實只是表面的徵狀，而非真正的問題所在。事實上，在面對員工的任何問題時，都不應只看外在的行為，而是深入瞭解心理層面的因素，才能對症下藥，解決問題。

三、勝任主管的三大法寶

你的公司憑什麼存在？你又為何在這家公司？前者是你的老闆要問的問題；後者似乎就是身為中層或基層主管的你迴避不了的問題。職場上，中層主管是三明治，經常承受上下交攻的雙倍壓力。因為，面對上面的壓力，不聽老闆的話是跟自己過不去，終究會待不下去；而你領導的下面的一群年輕人，個人意識強、意見多，作為中層或基層主管的你，如何逃避這種「裡外難做人」的宿命？秘訣有三：帶頭做、做中學、誠意溝通。

帶頭做

有些員工很有主見與才華，管理最重要的是，做好基本溝通後，放手讓他去做，千萬不要干涉太多，否則一定很累。那麼員工的能力從何而來？首先，除了員工自己天生的、在大學學到的基礎能力之外，多數員工的能力，其實也還算是主管培養帶出來的。因此當務之急，主管要「帶頭做」。

做中學

「做中學」有賴於企業擁有健全的「人力資源培訓」制度，而培訓過程中，主管扮演「師父」角色。飛利浦公司就有這樣完善的在職訓練，如安排管理人員到不同的國家的飛利浦分公司學習。

誠意溝通

誠意溝通就是要拿出你的誠意，「訓話」是不容易有效果的，

「沒有頭銜」的素樸對話是比較有效的。

　　所以，作為主管的你要放下架子與下屬溝通，誠懇地關心你的下屬。

四、談話高手是怎樣煉成的

　　對大多數人而言，想要成為獲得電視主持人最佳口才獎的央視主持人白巖松般的談話天王，自然是遙不可及的事，但是只要經過良好的訓練，每個人的談話能力都會有很大的改善空間。其實改善說話技巧是每個人的本能，真誠而實在的表達自我，在職場無往不利並不困難。

　　卡內基訓練機構就是以改善個人溝通及談話技巧，協助一般人成為溝通高手的機構。卡內基訓練專家告誡我們「這是一個人人都需要營銷力的時代」。

　　卡內基的相關研究指出，你必須具備一些基本談話營銷能力，在社會才容易安身立足。

一般人需要具備的談話術

　　專業的研究指出，並沒有所謂天生的人緣好壞，不論你是否從事營銷或一般業務，甚至與外界接觸較少的內部行政工作，想要讓你的談話更加具有魅力，主管重視你的建議，隨時練習下列技巧，會讓你的人氣指數大大提高：

　　1.避免爭論

　　沒有人喜歡自己的觀點被人否認，如果硬要爭論結果，除了面紅耳赤，只會讓雙方關係更為僵化。如果對方口服但是心不服，觀

點仍然不會改變，也許你可以贏得辯士的尊稱，但贏不到真正的友誼。

2‧尊重他人的意見

大多數人在說話的時候，喜歡以自己的經驗否認他人的價值觀，「你錯了」、「這樣不對」之類的口頭禪更是時常掛在嘴上，這些負面情緒的言詞讓人有不被尊重的感覺。正確的做法是仔細聆聽對方意見，並且設法瞭解對方形成這樣意見的背景，不要急著否認對方。

3‧承認自己的錯誤

如果自己說錯話，一定要馬上承認，切忌用盡理由搪塞解釋來為自己開脫，甚至說謊欺騙，一個謊言勢必用更多謊言才能掩飾。人難免會犯錯，承認錯誤也許需要極大的勇氣，不必害怕可能導致的後果，敢於承擔才是勇者。

4‧讓對方多說話

學會聆聽，多聽聽對方的看法，最好採取誘導的方式多問問對方問題，讓對方覺得你對他說的話有興趣，真誠地對待別人，並且以同理心多站在對方的角度設想，自然可以獲得他人重視。

5‧學會戲劇化呈現

人是圖像導向的動物，對於一些文字的印象，遠不如圖案、畫面來得深，因此與人談話時，不妨學習多用故事的手法表達，用激勵、振奮的語氣，取代消極負面的批評，別人對你的談話肯定印象深刻，永遠不會忘記。

提供他人被服務的感受

卡內基專家強調：「沒有人喜歡被強迫推銷，但是喜歡被服務。如果不是站在對方立場設想，提供適當的解決之道，就有強迫推銷的感覺。」一語點中談話營銷的精髓。

有一個笑話是這樣的：有兩隻眼睛都瞎掉的兔子和蛇在路上相遇，它們互相觸摸對方，猜想對方是什麼。蛇摸到了兔子長長的耳朵、蓬鬆的絨毛，說「你是兔子」。兔子摸了摸蛇滑溜的皮膚、尖銳的利齒還有長長的舌頭，大叫一聲「你是業務員」。可見從事營銷類工作，在一般人的印象中是多麼的負面了。

大部分的人都喜歡別人說的話像兔毛般蓬鬆溫暖，而過分嚴苛的詞句會讓人內心受傷。不論你從事何種工作，尖牙銳齒最後反彈力道大，到頭來受害的還是你。

說個故事與學會閉嘴

卡內基專業研究發現，會說話並不代表話很多，理財、保險行業成功的人士並不一定是話最多的人。說話得體、言簡意賅、適時表達的人最容易在群體中出頭而且受重視。

營銷業務應該多加強自己的專業知識，以便提供客戶諮詢，而態度也要積極正向，不要害怕被拒絕。另外，訓練人際關係和解決問題的能力，更是成功談話營銷人員不可或缺的基本功。

對於所有「靠嘴巴吃飯」的人，卡內基專業訓練機構更鼓勵每個人要學會說故事，以及掌握閉嘴的時機。會說故事，是要讓成功案例或證據來證明產品的優點，最好平常就養成蒐集數據的習慣，甚至讓使用過商品的銷售對象願意主動推薦。而學會閉嘴，則是利用沉默帶來的壓力，讓銷售對象好好思考商品可以為他帶來怎樣的益處。掌握說話收放之間的要訣，就等於掌握了享用不盡的金庫鑰匙。

五、識破談判的謊言

謊言總是無所不在，在談判過程中更是司空見慣的現象。該如何看出你的對手在說謊？如何預防自己不被對方欺騙？美國經濟管理專家和心理學教授告訴你該怎麼做。

不論是哪一種談判，也不論是在談判過程的哪個階段，人們多會扭曲事實或不說實話，目的是為了讓談判結果對自己更有利。另一方面，為了達成協議，你幾乎沒有選擇，只有依賴對手所提供的數據以及說法，因此容易受騙上當。畢竟要證實對方每句話的真實性很費周折，通常是不可能辦到的事情。

賓州大學華頓商學院教授莫里斯·史偉哲在《哈佛談判書信》中寫道，談判過程中常見的欺騙行為有三種類型。

掌握欺騙的三種類型

1·虛張聲勢

由於人們多半會誇大自己的底限，因此要記住，當對方說出自己的底限時，一定要抱持懷疑的態度，千萬別當真。

2·刻意扭曲事實

這種欺騙行為很可能造成詐欺。例如消費者相信店家的質量保證，結果買到名不副實的產品，消費者可以上法院控告賣方。

3·介於虛張聲勢與詐欺之間

例如一位購屋者表達希望可以早日成交的意願，投機的賣主雖然同樣希望早日達成買賣，卻刻意扭曲事實，告訴買主說他希望晚一點再成交，買主可能根本不知道，賣主其實願意不漲價，早日達

成交易。

　　除了違心說出謊言之外，談判者也可能欺騙對方自己真實的情緒，如「你出的價錢我很難接受」。或隱瞞自己的意圖，如「公司被併購之後，我仍願意繼續為公司效力」。

　　那麼，要如何知道對方在欺騙你？加州大學醫學院教授艾克曼與心理學教授蒂波羅提供幾個重要的線索。

抓住欺騙的四個線索

　　1．特定用語

　　一個人在說謊時常會說的話包括「跟你說真的」、「老實告訴你」等。

　　2．負面陳述

　　說謊的人使用「不」、「沒有」等負面說法的頻率會增加，或者提到不相關、過度簡化的訊息。

　　3．聲音

　　人在說謊的時候講話速度會變慢。

　　4．視覺

　　眨眼、瞳孔放大、出現互相矛盾的表情變化（比如短暫蹙眉後露出虛假的微笑）的頻率增多。

　　要察覺對方是否說謊，最有效的方法就是多方觀察，從各種不同的線索中觀察出對方行為的異狀。

　　然而，雖然有上述線索可幫助判斷，但大多數人都不是測謊高手。艾克曼教授發現，甚至連法官或警察等較常遇上騙子的人，測

謊的能力也沒有比一般人好到哪裡去。因為有許多線索是非常細微的，得依據錄影帶才有辦法分析僅持續數十分之一秒的行為變化。

但並非沒有解決方法，莫里斯·史偉哲教授提供以下五項原則，幫助你拆穿談判桌上的謊言。

不被欺騙的五項原則

1. 建立關係

在談判開始之前，花時間與對方相處並分享訊息，建立關係。你可以透過運動場合或晚餐機會，嘗試瞭解對方個性。彼此的關係越深，對方越可能把你當成朋友，不太會騙你。不要讓對方在談判開始時，當你是路人。

在建立關係的過程中，你可能會發現對方有過遊走道德邊緣的紀錄，例如騙過人、扭曲賦稅訊息或是貪客戶的便宜，這是重要的警訊，告訴你應該退出談判。

2. 面對面談判

許多談判專家建議，要減少被騙的機會，與其透過電話或電子郵件，不如雙方面對面談判，視覺線索是察覺欺騙行為的最有效方法。對方也比較不可能在面對面談判的場合說謊，因為他們知道可能會被識破。

3. 踴躍發問並仔細聆聽

談判之前，預先想好要問對方哪些問題，並且確定希望從對方身上獲得哪些保證。在談判過程中，對方可能假裝沒聽到你的問題，或者應答不對題。如果發生這樣的情形，要繼續試探。記住，面對騙子時，一定要不氣餒地追問下去。

此外，你要給對方足夠時間好好回答你的問題，不要打斷對方，然後簡要重述對方回答的內容，並試著追問其他的訊息，留意對方響應時的肢體語言、語調和用語是否有不尋常之處。

4．審視你自己的行為

花點時間思考以下的問題：對於在談判過程中說謊這件事，你自己的看法如何？而對於你可能在談判過程中說謊，你的對手看法又是如何？你可能認為，除非正式簽字蓋章，才算真正達成協議，但是你的對手可能認為握手就算是達成交易。

你在談判桌上所做的解釋以及提出的解決方案，也會影響對手對你的信任。例如，如果你告訴客戶要調漲費率，一定要提出充分的理由，像是「供貨商漲價，我們無力吸收額外的成本」，讓對方覺得受到公平的對待。

5．確認協議內容

當談判即將畫上句點，一定要確認自己清楚協議的內容。稍不留意，就可能發現自己真正得到的比原先想要爭取到的還少。務必在簽約前仔細閱讀合約條文，或者在離開店家前，確認老闆交給你的商品數量無誤。

多一分細心與觀察力，就能減少被欺騙的機會。

六、談判中常見問題的破解之道

理查·盧克的《教你贏得一生的談判》（Harvard Business Essentials：Negotiation），一上市就登上了紐約暢銷書排行榜，書中介紹的談判技巧頗有借鑑意義，不妨作為參考。

常見的價格問題

1．我是否該明示我的接受範圍？

有些談判者會要求你說出你願意支付的價格範圍，千萬不要遵從，因為這會洩露你的底牌。比方說，你如果告訴某人你願意付 2 萬元至 2.5 萬元買一棟房子，別人會認為你至少肯付 2.5 萬元。對方會想：「這就是你的底價。」而且對方只會記得這個數字。比較好的方式是依照你的底線或是「我最多只能做到這樣」來進行談判。

只有在談判進行到最後階段時，你才能提到價格範圍。為了阻止對方步步進逼，你只好明白告訴對方你的價格範圍。舉例說明，經過幾番討價還價後，你出價 2.3 萬元，而對方則要價 3 萬元，並想逼你在 2.8 萬元成交。這時候，你可以說：「我可以接受的價格範圍是 2 萬到 2.3 萬元，但是絕不超過 2.5 萬元。」透露你的範圍會讓對方更容易接受 2.5 萬元的價格，因為他會覺得他已經將你逼到極限。

2．我是否該告訴對方我真正的底線？

你可以告訴對方你的底線，但是必須是在對方到達（或即將觸及）你的底線時。如果你要透露你的底線，務必要說得相當清楚，並且表現適度的強調或堅持；否則對方可能不會把你的底線當真，只是把這個數字或提議視為你達成交易的步驟之一。

3．假使對方一開始提出的數字太過離譜，我是否該如法回敬同樣離譜的數字，或者我根本應該拒絕回價？

●開一個玩笑，表示你並未將對方的出價當真。「是啊。月亮還是用綠奶酪做的呢。我們還是言歸正傳吧。」

●明白告訴對方他的數字完全超出你的預期範圍，接著回過頭

去談利益，提出重要的議題，向對方解釋你對這樁交易的看法，說明這樁交易對你或其他相同處境的人多麼具有價值（當然，你所描述的價值會落在一個與對方完全不同的範圍）。經過一段時間與幾番討論，你或許可以提出一個你認為合理的數字或提議，這個數字不但落在你的範圍，而且靠近在對你極端有利的那端（或落在你所猜想的對方底在線，視何者對你有利而定）。不要提到對方最初的數字或提議，直接忽略它。如果你也提出一個同樣離譜的數字，你不是會陷入僵局，就是讓成交之路變得更漫長。

●說明這樣的數字完全超出可接受範圍，並向對方表示你擔心無法成交。設法讓對方另行出價，你可以這麼說：「這個價格太低了，我們根本不會考慮。你要不要回去與你們的人商量，之後再提出實際一點的價格？我整個下午都會在辦公室。」

4．如果我推翻自己原先的出價，也就是說連續兩次都是我出價，這樣好嗎？

●這恐怕不太妥當。你只要說：「等等，你似乎要我多採取一步。我已經出價了，我不想與自己競價。請提出你的價格。」這樣對方至少會有一些像徵性的動作。

●如果對方還是沒有動作，則獲得進展的唯一方式便是你再出招，不過你應該說明你很清楚自己在做什麼，並且表示下不為例。你的第二步應以善意為出發點，你所提出的建議或價格必須合理。解釋你的理由，並要求對方同樣以對。如果他們置之不理，你可能已經走入僵局。

●為了拉近彼此的差異，你或許可以考慮擴大討論雙方的利益，也可以從腦力激盪中尋求有創意的解決方案。此外你也可以尋求第三人的協助。

5．虛張聲勢是否聰明或公平？

談判時是否可虛張聲勢或自我吹捧？當然可以。一個人認為值得拿來吹噓的事，另一個人可能覺得輕而易舉，不值一提。但如果對重要事實撒謊，則可能會引發對方採取法律行動。在某些情況下，製造錯誤印象或是未揭露重大訊息可能是違法的。然而，只要你帶上談判桌的東西有其實質價值，你並不需要揭露所有促成交易的訊息。如果你正在面談一份新工作，你大可暢談你所負責的重要項目，以及你在目前任職公司的下一個職位。你無須羞於強調你的成就，而你也不必提及新的部門總裁有多難相處。

6、在複雜的交易中，各議題應該逐項達成協議，或是等到最後一次協商定案？

各項交易的情況不盡相同，但是一般而言，較好的做法應該是針對各項議題達成暫時的協議或是彼此同意的範圍，而非一次解決。這樣會讓你在談判的後續過程中掌握必要的彈性，經由不同議題的取捨創造價值，如此也可以創造出不同組合的解決方案。逐項討論議題的風險在於你會喪失經由取捨創造價值的機會。

7、應該先從簡單的議題開始還是從困難的議題開始？

一般而言，從簡單的議題開始能建立談判的良好氣氛，加深大家對談判過程的投入，並且讓參與談判者有機會在進入難題前熟悉對方的談判與溝通風格。但是在某些情況下，你可能會希望從較困難的問題下手，試試雙方的門檻。如果你們無法在這些艱難的議題上達成暫時的協議，那麼你們又何必先在小問題上浪費時間。而且，一旦最大的問題能解決，小問題通常很容易迎刃而解。

8、如果在達成協議之前或之後發生意外的重大轉折，如何是好？

意外的發展可能會危及潛在的協議，也會損害已經做成的決議。請看以下的例子：

你與一名承包商簽立一紙固定價格合約，在公司購置的舊式磚砌建築中，建造新辦公室及會議室，而辦公室及會議室都要打上漂亮的梨木板。然而就在合約簽訂後，你們才發現梨樹枯萎，災情嚴重，梨木價格上漲了三倍。

根據你們的合約，承包商必須承擔材料成本波動的風險。如果你堅持要承包商遵守該項條款，承包商可能會在其他部分節省成本，比方說略過一些細部的工作。如果你同意重新協商，吸收部分或全部的額外成本（或是選擇其他木材），承包商較可能提供高質量的服務。

第二個月，你發現因為打地基的緣故，樓層下陷，牆壁龜裂，這些加固工程都不在你們當初的合約中，但是你希望承包商能盡快以合理的價格替你處理。你先前種什麼因，現在就結什麼果。

在談判的過程中，類似的情節會不斷上演。在這種情況下，你應該先分析這項意外的後續發展如何影響決策。確定在這個情況下，交易是否仍有意義，或者你該取消這樁協商中的交易，才是明智之舉。此外，你也應該進行下列事項：

●即刻聯絡對方的談判代表；

●承認該事故在本質上無法預期；

●聲明你有誠意解決問題（如果這正是你的想法）；

●共同討論當初的協商原則及交易動機，然後針對受到影響的議題或條文取得共識；

●繼續談判。

關於人的常見問題

1 · 當合作型談判者遇上立場強硬的議價高手該怎麼辦？

議價高手的目標在於犧牲對方的利益贏得勝利。他同意「妥協才可能成交」，但卻只期望對方讓步。

好的合作型談判者只要能認清情勢，應該就能夠應付這樣的局面。畢竟他已經分析過自己的最佳替代方案，設定底價，並考慮過開場白與率先出價等談判技巧。如果立場強硬的議價高手拒絕披露訊息，並且利用已知的訊息對付合作型談判者，這些便表明這不可能是一場雙贏的談判。此時合作型談判者應該尋求互惠或停止提供額外的訊息。

真正的問題在於，合作型談判者是否能夠轉化強硬派議價高手的立場，改變的程度至少能夠在交易中創造出一些價值。這個問題的答案是：「這是可能的。」如果合作型談判者夠厲害，又具備策略，她應該能挖出議價高手立場背後部分的利益所在，然後她才可能提出不同的選擇與解決方案以符合雙方的興趣。即便是最頑強的談判者，如果創造價值對他有利，他也應該會認同其中的利益。

2 · 如果對方在成交後還想修正他們的提議，我該怎樣處理？

對方很可能陷入了「贏家的詛咒」情境。無論他們何時成交，終會因為他們認為「自己應該可以得到更多」的想法而陷入苦惱。

如果對方試圖變更某一項目，你必須表達你的驚訝與失望。你應該向對方解釋，如果他們想要改變部分協議，就必須瞭解你也希望其他的議題可以同時開放變更。「我同意的是整體方案。更動其中任何一個項目都會對整個方案造成影響。你願意重新討論其他議題嗎？」如果對方給予肯定的答案，顯然他們是認真的，那麼你就應該重開談判。如果他們在重新考慮後，撤回變更的要求，這表示他們只是在測試你。如果他們堅持更動單一項目，卻拒絕改變其他項目，你要向他們表達你的沮喪。接著你必須盤算修正後的交易對

你是否還有足夠的價值。

3 · 如果對方在談判時發脾氣，該如何處理？

不要以牙還牙，你反而應該幫他控制情緒。至於如何反應最為適切，則取決於你生氣或難過的程度、交易的價值以及你是否握有繼續談判的決定權。以下提供一些可能的做法：（1）安靜坐著，沉默不語。片刻之後再以平靜的語氣重開談判。（2）停止談判，並說：「這樣下去，談判是不會有任何結果的。我想現在走開，讓你可以冷靜一下。你覺得你需要獨處冷靜一下嗎？」（3）如果他的咆哮是為了要攪亂你，讓你不知所措，你當然更不該讓他稱心如意，在不佳的狀態下談判。此外，你要知道你也有權選擇你的談判對手。考慮與對方其他人聯絡，建議他們派另一位談判代表負責這樁交易。

4 · 如果我不相信對方的話，如何是好？

你懷疑對方撒謊或是虛張聲勢。他們所說的，充其量只是些他們認為對成交有幫助的話，但是他們並沒有誠意信守承諾。你可以如此響應：

●確定他們瞭解這筆交易取決於他們是否正確及忠實地表達實情。比方說，「如果你無法依照我們討論的時程運送，你最好現在告訴我。」

●要求他們提供數據，而這些數據的準確度與交易內容高度相關。

●堅持強制執行機制，例如違反約定時的處罰條款（或是提早完成時的獎勵）。比如說：「我們希望在最後的協議中加上一條約定，如果你們無法達成預定的營建進度，每日的罰金為1000元。不過，如果你能在明年7月20日之前完成所有的工程，而且達成可使用狀態，我們就願意支付2萬元獎金。」

5·如果可以的話，何時適合以電話或電子郵件談判？或者應該堅持面對面談判？

面對面的談判會遠優於其他方式。比方說，在此筆交易中對方是否可能會撒謊或隱瞞事實？對方是以專業或情緒化的態度投入談判？這些情況通常可以從非語言的線索中觀察得到。

有些研究顯示，人們在面對面時比較不會撒謊，這或許是因為害怕對方看穿他們的謊言。事實上，在面對面的談判中，我們可看到對方談判成員間的眼神交換，而當他們開始變得不自在時，我們也能夠感受到；另外，我們也可從一些非語言的線索中，察覺話語以外的重要訊息。

非正式的證據顯示，電子郵件或是其他書面訊息較可能引起爭執或陷入僵局。收到電子郵件（或傳真）的人可能以負面的方式解讀文中的意見，但是發信人可能完全並無此意。發信人不在場，無法看到收信人的面部表情或聽到他的感嘆聲，因此也無法更正收信人的錯誤印象。因此當發信人收到對方口氣惡劣的回信時，會感到意外與不平，繼而以牙還牙。

不過，從另一角度來看，電子郵件的溝通方式不帶情緒，這對談判新手可能是一大優點。談判者的情緒較不易受到侵略型談判對手的影響而吃虧。而且電子郵件在寄出之前，你還有機會重新斟酌訊息內容，因此較不可能將關鍵訊息洩露給對方。在面對面的討論中，不當的訊息揭露可能是個問題，而以電子郵件為溝通工具會降低出差的幾率。

使用電話可以解決電子郵件部分（雖然不是全部）常見的問題。你可以運用自己及對方的語調確保溝通的順暢。然而，電話談判較難提出具有創意的想法，因為你無法將提議寫在黑板上。一些近期的研究也顯示，人們在電話中較容易虛張聲勢。不過話說回來，如果討論的是一個簡單的議題，是否要面對面溝通就不是那麼

重要，越有效率的溝通方式反而越好。

6．當對方質疑我的資格、身份或權限時我該如何應對？

他們為何會質疑你？他們是否只是想激起你的防衛心理，讓你感到不安？或者他們確實有所顧慮？你最好將討論重點轉移到一般的基本遊戲規則。你可以這麼說：「是的，我們應該弄清楚我們雙方陣營誰有權力決定成交。我有權在X、Y、Z等項目範圍內完成交易，如果我們的協議超出上述範圍，我就要取得正式的批準。那麼，你的情況呢？你的權限範圍又如何？」

如果他們挑戰你的權限只是為了激起你的防衛心，你的響應便已經明白告訴對方，這種策略是不會奏效的。

看破談判馬腳的四個方法

哈佛商學院教授麥可·惠勒總結經常需要靠察言觀色下判斷的心理學家、撲克牌高手、警察、演員的經驗，歸納出四個方法，幫助大家更有效洞悉談判對手到底講了幾分實話。

1．全程都要耐心傾聽

即使在自己發表意見、簡報的時候，也還是要保持傾聽。一般人通常在說話時太投入，沒有留一點心思觀察別人如何看自己。例如，對手對你頻頻點頭是禮貌性的，還是真的同意？就有賴於觀察反應來判斷。

2．留心異常反應

雖然突然泛紅、瞬間抽動這些臉部一閃即過的細微變化，都是透露訊息的線索，但是有時候透露訊息的不是表情，而是反應不適當。例如美國一所飛行學校教師詢問一位向來友善的學生：「你是回教徒嗎？」那位學生的回答是：「我是無名小卒。」後來發現這

名學生涉及「9·11恐怖攻擊」。

3·有技巧地提出或響應問題

如果問「這真的是你的底線嗎？」沒有人會傻到說「其實我們可以讓得更多」。比較好的方式是在對方提出「不要就拉倒」的底線後，不直接響應，改提出另一個建議響應，看對方是否願意接受，就可以測試出之前的底線到底是不是真的。

4·進入對手的心境

大家在談判桌上的形象，都是刻意塑造出來的，一直讓自己身陷談判桌、盯著對方熱烈討論議題與條件，其實不見得能夠瞭解對方真正的需求。不妨把自己抽離一下，就是既坐在談判桌前、又進入隔岸觀火的情境，試著把一部分的情緒調到對方的頻道，想像對方當下是堅持、自信、防衛、煩躁，還是五味雜陳，才可能洞悉他真正的需求。

如何營造談判的雙贏

大部分人每天的工作，都會耗費大半的時間在各種談判上，因此學會如何成功談判，達到雙贏結果，自然是明智之舉。要成為更好的談判者，必須做到下列幾件事：

1·瞭解每次談判協商可能會得到的四種結果

（1）雙輸——談判雙方都未達到目標。

（2）有輸有贏——一方很滿意，另一方則否。

（3）雙贏——雙方都很滿意。

（4）沒有結果——沒有正面或負面的結果。

2·學習時間、訊息和影響之間的關係

如果能分析並瞭解這些要素間的關係，就能在談判時獲得較好的結果。

3．提出需要的問題

要找出答案，就必須提出好問題，並且設身處地聆聽對方的答案。

4．學習聆聽的技巧

找出語言與非語言的線索，並不斷徹底探索言語背後的意義。

5．學習如何在談判中建立信任

信任關係可使談判雙方集中討論實質性問題。

6．瞭解不同的談判策略風格

友善型——重點在建立關係。

實事求是型——以盈虧結果為重。

分析型——喜歡按邏輯方法探索一切選擇。

混合型——沒有特殊偏好。

7．每次談判都預先作周密的準備

要在談判時獲得可觀的成果，就得預先做好功課。你擁有的訊息越多，即使最後並沒有完全派上用場，成功的機會仍然較其他人大。

七、進行員工意見調查常犯的五大錯誤

員工對工作環境是否滿意？訓練究竟有無成效？認為公司哪方

面應該改善？要想得到這些答案，公司可以透過許多不同的方式實現，其中問卷調查就是可以廣及所有員工、容易量化以及高效率的一種方式。不過，做好一份員工問卷調查，讓它成為反映員工意見的渠道，甚至影響公司的決策，卻不是容易的事情。根據管理專家的歸納，公司進行員工問卷調查時，常會犯以下一些錯誤：

調查沒原因

在公司方面，調查必須具有清楚的目的。例如，最近不斷有員工離職，為了降低員工的離職率，公司進行員工調查，以得知員工認為哪些事物重要，哪些事物需要改變等，調查是為了回答明確的問題。調查除了要有重點，還要能夠採取行動，否則便不具太大的意義。

在調查的宣傳上，公司必須讓員工清楚公司進行調查的目的，強調員工的意見將會影響公司的決定，也就是向員工推銷調查，讓他們認真看待調查。所以就應該寫明調查的目的，例如，想要降低員工離職率的調查，問卷的開場白應該是「我們想要留住公司的人才」。另外，還要告訴員工，公司將針對調查結果可能採取的行動，以及這些事情對員工與工作將產生什麼影響等。

員工沒興趣

著名企管專家科倫普（George Klemp）在《勞動力》（Workforce）雜誌上撰文指出，許多員工對公司的調查沒有興趣，因為他們知道公司不過是做做樣子，他們的意見不會產生實質的作用。為避免這種情形，公司應該在整理出調查結果後，儘早與員工分享，並且告知他們，公司從結果中決定採取哪些行動。即使

公司無法採取任何行動，也要向員工解釋原因。讓員工瞭解，公司重視調查結果，他們填寫問卷並沒有白費時間，員工才會重視將來進行的調查。

此外，公司常年使用同一份問卷，也會減少員工作答的意願。公司應該隨著內外環境的改變更新調查的格式、調查的內容。調查也應匿名，減少員工因為有所顧忌而不願意誠實作答。

問題沒問對

公司可以讓員工參與設計問卷的過程，幫助抓住問題的重點。例如，在設計問卷前，可以先與具代表性的員工舉行會談，更深入瞭解情形，甚至請他們參與擬定問題，或者在設計問卷後，進行測試性調查，以瞭解問卷是否容易回答、問題是否具有意義、是否問到了重點等，再適度修改問卷。

聖地亞哥 Organized Change 企管顧問公司在公司網站上指出，問題的形式也會影響調查的成敗。該公司指出，每種問題形式都各有利弊，問卷應該融合多種形式，以達到最好的調查結果。只給出定型的問題（填空題），對員工作答及公司整理都比較方便，但是所得出的結果不夠明確，容易忽略員工真正的想法；相反，開放式的問題（請員工撰寫意見）比較能避免上述缺點，但是卻難以統計員工的整體意見。

問卷中比較好的問題是，詢問員工的直接經驗及觀察，也就是他們有能力發表意見的事物。比較不好的是詢問員工的感覺，例如，詢問員工對工作是否滿意，如果員工的答案是滿意，可能代表的含意很多。甲員工感到滿意可能是因為工作具有挑戰性，乙員工感到滿意則可能是因為薪資優厚，這種包含多種可能性的答案，並不能提供公司可供改進的訊息。而最糟糕的問題是，公司詢問員工

的問題，公司並無力解決。例如，公司明明不打算調薪，那就不要詢問員工對薪資是否滿意，否則調查引出了員工的問題，卻沒有提供具體的解決方案，員工產生的負面感覺將大於正面感覺。

無論問題的形式為何，調查都不可過於冗長。太多的問題通常會淹沒員工，造成他們因為不耐煩而亂填答案。公司可以把問題依主題分類，減少員工的壓迫感。

此外，問題的呈現順序也必須具有意義。有些公司只是把一堆問題丟到問卷中，員工不瞭解問題間有何關聯，以及公司到底想要瞭解什麼。可行的做法之一是，從大範圍的問題，逐漸縮小到細節問題，或者依問題主題分類，幫助員工提供更深思熟慮、更有脈絡的答案。

結果沒意義

調查結果之所以沒有意義，一個原因是來自測量方法，另一個原因是來自比較方法。在測量方法的問題上，分析結果的方法、如何使用數據等，都應在調查前便決定，否則單有數字不具有意義。例如，65%的員工表示，他們滿意公司的福利，這個數字究竟是太高還是太低？

在比較方法的問題上，如果公司要與自己比較，必須確定現在與過去的調查方式具有一致性，比較有基礎和意義。如果公司定期進行調查，可以制定相關的規定，讓每次的調查都有依循標準。如果公司要與別人比較，也一樣不要忽略了公司間的不同，避免「拿蘋果比橘子」的情形。例如，一家剛裁員的公司，把員工滿意度的調查和其他公司比較，犯了沒有考慮公司暫時情況的錯誤。

時機沒抓對

調查時間的拿捏非常重要。不要在假期集中、公司剛經歷或即將有大變動，或者業務特別繁忙的時候進行調查，因為調查結果可能只是員工一時的情緒反應，並非公司長期的真實情況。

此外，調查必須及時。如果是針對某項議題進行調查，為了得到最好的結果，公司應該在議題未退燒前立刻進行。當出現一個問題時，如果公司只是死板地等待一年一度的例行調查，效果可能不明顯。

科倫普指出，調查的頻率同樣會影響結果。有些公司的調查沒有統一的負責單位，以致不同部門輪流進行調查。過於頻繁的調查造成員工厭倦、不認真回答，甚至不同調查重複詢問相同問題，浪費公司的資源。相反地，相隔過久的調查，也會讓結果不具時效性。

八、開好會議十大秘訣

是否有主持會議的能力，是考驗一個人是否適合擔任主管的最簡單測驗。當與會人數越多時，會議就越沒效率，不是為了一個不重要的問題陷入爭執，就是會議時間冗長，最後往往沒有結果。如何提高開會的效率，讓每個人都能各抒己見、各得其所？根據《哈佛管理溝通》雜誌分析，首先，你需要掌握開會的十個要點，再來將這些要點與同事分享，建立彼此的共識。這樣一來才可以節省自己和別人的時間，使會議開得成功。

1．尊重每個人的時間

開會最忌諱的就是拖延，尤其是一些經常性的會議。

所以，要讓會議順暢進行，要對每個議題的討論時間有所限制。如果在某個議題討論太久，卻還沒有結果，就把這個議題記下

來，下次開會時再討論。另外，如果這次會議一定要達到某些具體結論的話，在開會前就要先告知每個與會者，不達到目的絕不罷休。不要為了減少與會人員的負擔而迅速結束會議，只會讓你的後續動作更困難。

2·不要忘了開會的目的——溝通、管理和決策

不管是哪一個目的，最重要的是要以行動為焦點。例如討論要採取什麼行動，上次行動的結果如何，或是在不同的行動方案中選擇一個。避免沒有討論行動的會議，因為那很可能只會浪費時間。

3·公開稱讚，私下批評

應儘量避免公開批評別人的意見，因為這對士氣有很大的傷害。

此外，大家都在同一個公司工作，惡意批評別人並不會帶來什麼好處。為了避免會議上惡意批評別人的情況發生，會前要事先告知同事，這次會議的負責人是誰，會議的時間有多長，以及會議的焦點是什麼。遇到有干擾議程的情況，會議主席要以堅定而有禮貌的態度，堅持將會議導入原來的議程。

4·儘量在上班時間開會

在非上班時間開會除非是很緊急的事情。喜歡在傍晚或者週末開會的人，缺乏工作與生活的平衡，自然也無法在正常時間做好分內的工作，因為他們看不到他們所處世界的另一面，也無法看到周圍的另一個角落。

5·不運用團體壓力使議案透過

不要利用會議透過一些違法或不適當的議案。公司必須要有一些既定的價值觀，如果那些價值觀違反道德或是法律規定，就應該改變那些價值觀。

6‧不要用會議破壞他人的事業生涯

在不斷變動的世界，過去的同事或下屬可能很快又會跟你碰面。如果你因為貪圖功勞，在會議上破壞別人的事業生涯，也許很可能在下一個工作上因為這件事會令你非常尷尬。你可以在會議上表達你的不同意見，但不需要犧牲掉另一個人的前程。

7‧公私分明

在工作場所難免會結交一些朋友，但是在開會時，就要避免被這些社交關係影響。

在會議開始及結束時，難免需要一些社交來潤滑，但是必須要適可而止。在會議中，太多的社交反而會使得不屬於該團體的成員感到厭惡，更使得會議缺乏效率。人總需要一些工作之外的人際關係，如果你發現你大部分的人際關係都需要透過會議建立，那你可能需要做些改變了。

8‧會議最好的模式是民主而非專制

不要試圖影響與會者，得到你想要的結果，更不要只憑你的職銜或權力來喝令他人。好的領導者應該使用說服，而非強迫的方式。另外，領導者如果想要宣告自己的一項政策，只要將它發佈在相關媒體上即可，不需要召集大家，控制整個議程，卻又不給大家討論的空間。

9‧給與會人員以充分的時間準備相關資料

讓所有與會者清楚會議的目的、本質和框架，並根據會議議程在會前做好相關準備。

10‧當會議目的已不存在時應果斷停止會議

如果你已經無法清楚地陳述召開某些例行會議的原因時，那就是到了該停止這些會議的時候了。

定期檢視會議存在的目的，才能避免官僚情況的出現。當然，要廢除這些會議時，先想想這些會議當初存在的理由，如果是為了設定公司未來的目標，就應該繼續存在。

讓會議簡單、目的清楚，以及互相尊重，你將發現開會並不那麼可怕。

九、批評員工的十種策略

看到員工連連出錯，你是否常在心裡痛罵員工，卻無論如何開不了口？企管顧問凱恩斯根據自己擔任主管多年的經驗，在《策略財務》（Strategic Finance）雜誌上建議，主管要處理批評員工的場面，需要準備好十套劇本，好好完成這場非演不可的戲。

1・避免主觀的意見

健康的批評必須是客觀的，否則會引起員工的自我防衛和反擊。

2・不要在公開場合批評

選擇適合的時機，私下與員工認真詳談。

3・不要在會被打擾的情況下批評

謹慎選擇批評的時機及地點，例如避免有時間限制，如果知道員工五點半時，必須接小孩放學，不要在四點時找他談話，事先排開所有的事情，將電話與手機調至錄音及留言狀態。

4・事前做功課

先準備好批評的重點，清楚說明來龍去脈，必要時包括日期、時間等明確細節。不要讓員工覺得，主管只是一時的情緒不佳，紮實的證據會讓員工心服口服。充分準備，但是不要逐條宣讀，不要

趕著說完，也不要刻意淡化問題。

5．直接，但不要毫無修飾

主管需要果斷，即使批評員工時，員工在你面前掉下眼淚，你的態度仍然要堅定，但同時也要寬厚。

6．知道自己在說什麼

不要告訴員工，這些批評的內容是其他人說的，因為知道員工的工作表現是主管的職責。主管在批評員工時，不能只是聽說或推測，否則難看的可能是主管自己，而且談話可能會產生反效果。讓員工覺得，主管知道自己在批評什麼，而不是別人告訴主管的二手訊息。

7．不要雪上加霜

當員工的錯誤很明顯，他已經預料會遭到批評時，主管下手可以輕一些，但不要因此完全不提。由於員工可能已經很自責，如果主管貼心斟酌，只點出事情的嚴重性，會讓員工產生感謝之情，成為他願意改進的動力。

8．不要說「如果是我，我才不會犯這種錯誤。」

這種說法暗示了主管自以為沒有缺點，相反地，主管可以試著說：「如果我是你，可能也會這樣做，但是下次你要更加小心。」瞭解員工的處境，可以產生很大的正面影響。

9．如果是員工錯，不要站在他那邊

面對個性強烈的員工，主管要特別注意自己的肢體語言，不要流露出遲疑、害怕或緊張的表情，也不需要道歉。這些態度只會讓情況更困難，因為員工更有膽子不做改變。

10．不要期待員工會完全同意

即使證據確鑿，許多罪犯也還是表示自己是無辜的，很少有人在面對批評時，會願意完全承擔過錯，所以主管也不要有不切實際的期望，以為員工會完全同意批評的內容。

十、人氣指數助你成功

爭名奪利不如爭人氣。雅虎領導力督導長桑德斯在他的《好感度》一書中說：人生就是一場人氣大賽，心想事成的關鍵就在人氣指數。

有好感度的人讓人想付出更多

你是否曾經不解，有些人似乎總是囊括所有的讚美與榮耀，有些人則常受到忽略？你覺得這些人只是因為運氣好，在天時地利人和的情況下出頭嗎？或是他們真的比別人更賣力工作？

一位脾氣急躁的顧客光顧一家體育用品社，他像往常一樣，幾分鐘找不到他要的運動衫就開始動氣，還把氣出在一直盡力服務他的店員身上。當他最後問店員能否查一下其他分店有無存貨時，店員告訴他要花一天才查得到，顯然這其實只要打一通電話就夠了，因為他的不友善的態度讓店員根本不想特地為他查。這個人只好氣呼呼地走出店家，還不斷叨念已沒人瞭解什麼是優質服務了。

其實，當時其他店內顧客都得到店員的親切服務，事實上有些人就是比別人得到更好的服務，當然不只是商店、餐廳，還有郵局與銀行、診所與律師事務所、學校與工作場合皆然。原因何在？有好感度的人讓人想付出更多。

當你給別人意見時，你可能也會在自己身上發現到同樣的情

況。你與對方的關係越好，對方似乎越能傾聽你的建議，你也比較肯定他已經聽進去了，有意照你的話做。

這樣的老闆值得我賣命

職場上也曾針對「利用好感度溝通」做研究，尤其是在提升生產力方面。2003年，密歇根大學的研究顯示，「友善與正面的員工因為有較好的溝通能力，所以生產力較高。」討人喜歡與友善的人較能深入討論項目與任務，大家也比較注意他們，形成一股領導力，消弭誤解。誤解可以說是工作生產力低落的關鍵。

該研究的首席心理學家杉學博可斯提到，「討人厭的個性往往侷限了一個人在工作場合所注意到的訊息頻寬，如此便會產生誤解，猶如夜間行船」。討人喜歡的經理人，不論是處理項目或計劃時，通常會技巧性地完成工作中最重要的關鍵：說服他人採取行動，並幫他人瞭解他到底想要他們做什麼。

這樣的過程對公司的成功影響很大，為《財富》雜誌進行「就業首選」研究的主要研究員列弗林發現，「勞資關係良好的組織，生產力可多出15.25%，原因在於主管與員工間相契合，可得到員工的忠誠度。員工尋求問題解決之道，他們只想看到主管成功。」

如何提高好感度指數

討人喜歡，或是所謂「好感度指數」（The LikeAbility Factor，即 L指數）高的人，比較容易找到工作、交到朋友、人際關係也比較好。高 L指數不只是改善生活，還是挽救生活的方法。

人生就像一場場人氣大賽，別人針對你所做的選擇，決定了你的健康、財富與快樂。你越討人喜歡，或者說「好感度」越高，人

生就越快樂。改善個性中的四個關鍵要素，就能提升好感度。

要素一：友善。向他人傳達喜歡與開朗心態的能力。

使用友善的言語：友善的言語最終會傳達出你對他人的喜歡、幫助與開明的態度。對他人傳達「喜歡或正面」態度的言語包括：愛、好棒、太好了、了不起、美好、完美、激勵、激賞。傳達「歡迎或開明」態度的言語包括：是、歡迎、很高興見到你、歡迎你來、請進。傳達「樂於助人」態度的言語包括：我能幫忙嗎？我能怎麼做？樂意之至、我的榮幸、沒問題、當然。

相反地，不友善的言語則包括：走開、不能、不會、我很忙、不是今天、改天、去問別人、停、恨、不關我的事、蠢、絕不、不受歡迎等。

要素二：相關性。與他人的興趣、需求與需要產生交集的能力。

想想最近你助人、鼓勵或啟發別人的情況。做個徹底的自我分析：我能做什麼？我善於解決問題嗎？我是訊息源頭嗎？我有優秀的組織能力嗎？我是能妥善處理麻煩事的人嗎？

培養對他人持續的關心，其中最好的方式，就是在朋友談話時，專注聆聽，注意聽取暗示他們需求的詞彙，例如：問題、挑戰、危機、不知所措、要求、生存、否則、不夠、幫助、極度渴望、不悅、悲慘、需求、願望、希望、機會、慾望、夢想、責任與職責等。

如果你覺得聽到的關鍵詞不夠多，那就大膽發問，你能問的最有效問題之一就是，「我能做些什麼讓你好過些嗎？」

要素三：同理心。認定、確認與體認他人感受的能力。

在好感度的四項要件中，同理心可能是其中最難加強的技巧。

有些專家甚至認為，同理心是天生的，不是能教授的技巧。其實許多人都可以透過學習努力改善同理心的技巧，使自己具有同理心。訣竅就在於：（1）對他人的感受顯露興趣；（2）體驗他人的感受；（3）響應他人的感受。

要素四：真實。展現真誠、真正且可信的能力。

你真實嗎？這是別人決定你是否友善、相關、有同理心之後會問到的第四個問題。如果這個問題的答案是否定的，你的 L 指數就會急遽下滑，你到目前為止的成就都會嚴重打了折扣；但如果答案是肯定的，你的 L 指數就會增加，其他特色也會跟著提升。

秘訣五　定見遠謀，讓你的公司把握成功的機會

對於成功的企業，成功經營獨樹一幟。確有實力的管理者，還能在市場上呼風喚雨，或成為焦點人物。然而大多數人只看到困難點與危機點，被眼前的困難嚇退。只有看到曙光看到機會點的人，才能夠義無反顧，全身心努力投入。「利用有限的資源，創造最高的利潤」，這也許就是一個企業走向輝煌的秘訣。

——如果一個企業在你手中，你願意取得成功嗎？

一、公司董事應該知曉的十個問題

作為公司的董事，下面這十個問題是你必須明白的。這些問題看似很簡單，甚至有點兒傻，但卻很重要，因為這是公司治理的核心環節。

公司怎麼賺錢

這個問題對公司而言是最核心的問題，但是，許多人把「賺錢」和「公佈收益」混為一談。淨收益是一種會計數據——最理想的狀況下也只是一種估算——而且通常無法說明公司到底是在什麼地方賺錢。而現金就非常真實。現金流是公司的血液，追蹤公司的現金狀況能瞭解業務的具體構造以及各個部門如何合作。

所以，不要覺得不好意思問管理人員公司現金流的來龍去脈

（尤其是在公司的現金流和淨收益走勢相反時，或者是銷售額大幅下降而利潤卻增長時，這個問題就更重要了）。如果公司管理人員沒有用你確實能理解的術語來回答，可能就有問題了。2001年2月份，當《財富》的一位記者向安然的管理層提出這種基本問題時，他們感到很生氣。「提出這種問題的人就沒有詳細地瞭解過我們公司的情況，而且想為難我們。」首席執行官傑夫·斯基林當時就這麼說。這就不是一個好跡象。雖然很少有經理人會像安然公司人員那樣撒這種彌天大謊，但以下這點仍顛撲不破：如果管理層無法清楚回答最基本的商業問題，不要僅僅禮貌地點點頭就繼續問下一個問題，要請審計師。

客戶付清欠款了嗎

現金源自銷售。但不是每一次銷售都會帶來現金——除非客戶確確實實付了錢。否則，到手的只是被稱作「應收款項」的一張外表迷人的欠單。因此，應要求管理層坦率地說說以應收款項入帳的這部分銷售的增幅。如果應收款項的增長速度高於整體銷售的增長速度，那就說明客戶還清欠款的速度不如以前——或者說，他們可能根本就沒有在還錢。如果是這樣，那麼他們為什麼不還？可能公司的客戶正在苦苦賺扎，或者正走向破產。

未來幾年什麼問題可能會真正威脅公司的運營乃至生存

要把對這種問題的思考作為董事們的《最危急狀況下的生存手冊》——讓人們在危機發生前就假想一下。董事們也有這種任務——多問「如果……該怎麼辦」等一系列問題。

面臨危機的公司通常都缺乏起保護作用的斷路開關。而一個良好的董事會就能充當這樣一個斷路開關。

與競爭對手相比，我們做得怎麼樣

當然，沒有人願意看到自己公司的成本、銷售額或者利潤僅僅處於行業平均水平。大家都希望公司成本更低，銷售額更高，利潤更多。但是，如果自己公司的各種數據和其他同行公司差距過大（不管好或壞），有時候就意味著公司內部出了岔子。但是，不要僅對公司的財務提出這個問題。就公司的戰略討論這個問題一樣很重要。比如說，有競爭對手進入或者是撤出公司的某個關鍵業務領域嗎？我的競爭對手是否能把同樣的事情做得更快、更好或者成本更低？管理人員就算沒有完全找到應對競爭的好辦法，至少也應該能夠對競爭進行坦率的分析。

如果明天首席執行官出了車禍，誰能管理這家公司

公司的命運高於現任領導人的命運。如果高級管理層沒有安排好有能力的接班人，公司就可能會出現管理真空。

歸根結底，安排接班人不僅僅是為了應對緊急情況。作為董事，你不僅現在要為公司聘用掌舵人，也要找好公司的未來接班人。能幹的接班候選人越多，公司未來發展的機會就越好。選出幾位候選人僅僅是個開端。董事會還必須保證確實對這些候選人進行訓練。任何首席執行官都應該履行這一職責。

我們如何增長

公司只能透過兩種方式——自身業務的擴大（有機地增長）或是透過收購——實現增長，這意味著董事必須弄清管理層是基於何種假設來制定增長方案，並從常識的角度來檢查這個增長方案是否可行。如果現在國家經濟情況一般，公司從事的也是一個成熟的行業，而首席執行官卻許諾公司自身增長速度在 10%以上，那就應問他一些具體的問題：比如說公司要透過何種新產品或者新業務實現增長？

另一種情況，如果管理層雄心勃勃地計劃透過戰略收購來實現公司增長，那就要進一步問他們一些顯而易見會隨之而來的問題：公司現在是否有實力買得起首席執行官的合併收購計劃中的目標公司？如果公司有這個實力，那麼首席執行官是打算用股票還是用現金來購買這家公司？如果都不是，那麼首席執行官有什麼計劃？順便說一下，收購時付費過多肯定不是一種計劃，儘管有幾項研究表明，在收購公司時管理層通常都會多付錢。此外，在公司增長這個問題上，董事會對管理層完全放任自流也不是個合適的做法。

我們是否量力而行地過日子

這個問題與第六個問題是一脈相承的。董事會不僅要關注現階段的季度收益，還要關注公司的長期債務。要瞭解真實的情況從來就不容易。損益表的債務一欄當然會列出大部分的債務。但股票期權通常不列入債務這一欄，儘管期權可能會在未來成為公司的債務。養老金債務——當公司裡的退休人員多於幹活的人員時，這個債務可就相當的沉重了。

最好還是未雨綢繆，及早提問：今天我們花的是不是明天用於還帳的錢？

首席執行官的薪水是多少

實際上，許多董事根本不知道首席執行官究竟能得到多少報酬。一個原因是首席執行官的聘用合約非常複雜，就好像一個冗長的方程式，其中 x 代表業績獎金，y 代表未兌現的款項，z 代表薪資或者「其他收入」中數額更高的那一項。另外一個原因是董事會經常犯一個錯誤：人人都嫌麻煩，不願意做算術題。董事們不需要做加減乘除，只需要問人力資源部門經理（或者外聘的負責向董事會報告的薪酬顧問）一些基本的「如果……就……」問題就可以了。比如，如果股價上漲至 150 美元，首席執行官可能賺多少錢？如果首席執行官提早退休，他可以拿走的現金和獎金總價值是多少？如果首席財務官因為盜用公司財產而被解僱，董事會是否還要支付他 2000 萬美元的解僱金？這最後一種數字是會見報並登在要聞上的，你在判斷首席執行官報酬是否公平時腦子裡裝著它就行了。

壞消息透過什麼渠道傳遞給高層管理人

大部分公司裡壞消息只往下傳，不往上傳。這樣非常危險，因為高層管理人以及董事對公司內部隱藏的問題毫不知情。員工歧視、錯誤的帳目以及士氣低沉：這些應當是管理層要瞭解的東西。因此，公司需要建立一種能夠抵消重力、把壞消息推到上層的機制。簡單的一條熱線也好，員工調查也好，或者聘用第三方提供報告服務——以保證僱員可以匿名提意見而不用擔心會受到報復。醫療設備製造商 Medtronic 公司一直以來被視為公司治理的一個典範，它開通了一條保護舉報者隱私的 800 免費 24 小時熱線電話，員工（或者任何人）都可以撥打這個電話反映情況。

大公司就好像大城市，想讓每個人都誠實幾乎是不可能的。2003 年年初沃爾瑪首席執行官李·斯科特就說過：「我可以向你保

證，此時此刻，肯定有人在我們公司做著一些大家不贊同的事情。」但是，正確的制度能夠保證員工的個人不軌行為不會演變成公司的災難。

對於前九個問題的回答我理解了嗎

如果不懂，從頭再看一遍。良好的公司治理應該是一個連續的過程，而不是在董事會上例行公事般的一年問上幾次。更關鍵的是：問這些問題是不斷質詢公司管理層並與他們不斷互動的過程。如果管理層用一些陳詞濫調打發你的問題，或者管理層用一些漂漂亮亮的圖表避重就輕地回答你尖銳的問題，你不要無動於衷，要繼續追問他們，直到你確確實實瞭解了公司的運行情況。記住，你的提問說明了你，公司的一名董事，認為什麼是重點。向公司的管理高層提問，是保證他們集中精力做正確的事情的一個好辦法——哪怕目前他們還沒有正確的答案。

二、公關在企業危機處理中的應用

經營企業，尤其在全球化趨勢襲來的今天，企業主面臨到空前的不確定變量，無限商機中卻也隱藏著隨時可能萌生的危機，處理不當，就沒有明天。在林林總總的企業危機中，究竟有哪些公共關係法則需要特別注意？企業邁向國際化進程中，如何看待危機與處理危機？歐美大企業的公共關係觀念與做法有什麼傑出案例與成功模式值得學習和借鑑？

多數組織危機起因於不良管理

　　曾獲得美國新聞及大眾傳播教育協會最高榮譽獎，現任美國公共關係研究所公關評估委員的美國知名的公共關係學者詹姆斯·古魯尼（James E.Grunig）博士在企業管理中的公關應用方面有自己獨到的見解。1985年，古魯尼教授進行了一項頗受美國企業界矚目的長期研究，名為「卓越的公共關係與傳播管理」，這項研究長達十年。古魯尼教授從對三百多個案例的研究中發現，多數組織危機起因於不良管理。

　　卓越的企業究竟如何處理危機？古魯尼教授說，由於他經常被媒體採訪危機管理的問題，所以乾脆歸納出一套「議題管理與危機傳播溝通」的五點現象：第一點，大多數的組織危機通常只是議題而已。第二點，大多數的組織危機通常被管理階層的決策所引發。第三點，大多數的組織危機無從避免。第四點，事前的危機規劃遠比事後的危機處理計劃要有用。第五點，如果組織早已與公眾培養良好的長期關係，就比較容易在危機後存活。

　　不過，古魯尼教授從公關的研究中發現，有高達 80% 比例的組織危機，居然是因為不當或錯誤的管理行為造成的，因此重點在於組織要事先預期與事後積極處理危機。

越隱瞞真相，危機越擴大

　　古魯尼教授指出，有四項正確的危機處理原則：原則一，組織與公眾維持良好關係，更能經得起危機的考驗，以妥善解決問題。原則二，無論危機是否與本身有關，組織要對危機負完全責任。原則三，危機爆發後，組織不應刻意隱瞞真相，要公開告知真相。原則四，處理危機時，組織應隨時與公眾做對等雙向溝通。危機發生後，組織負責人應同等重視本身與公眾的利益，把公眾安全與組織利益放在平等地位評估，以取得公眾的信任。

在企業邁向國際化的今天，組織會較容易遇到哪些危機？古魯尼教授說，跨國企業很容易在外國發生危機，部分原因在於「文化落差」，所以公關人員應掌握公關的「策略性管理、組織與公眾的對等性溝通、多元化、全球一體適用」等四項基本原則，同時不僅跨國企業的全球總部要組成各國籍的公關幕僚，跨國企業在各大地區的分公司也應秉持本土化用人政策，否則，如果單方面指派母公司高層經理人到外國分公司當負責人，而不晉升當地主管人才，組織就容易發生不能融入本地化的危機。

卓越公關的四項基本原則

1．卓越的公關具備策略性

公關部門會參與組織內整體策略決定的過程，確認有哪些公眾可能影響組織決策或受到組織決策的影響，確認目標公眾，找出具有潛力的議題與目標公眾進行溝通，並評估溝通目標的達成性。

2．卓越的公關具備對等原則

組織與公眾雙方的價值與問題同等重要，對等的公關是一種針對特定議題的過程，提供不同價值的公眾進行討論對話的空間，目的在建立能夠滿足組織與公眾雙方的長久關係，使得組織公關運作上，更符合道德要求與承擔更多的社會責任。

3．卓越的公關具備多元化特色

在卓越的組織中，女性較容易晉升到公關部門的管理階層，組織負責人較樂於僱用來自不同國家、種族與文化的員工。

4．卓越的公關具備全球一體適用的通則

儘管公共關係在不同的文化與政治體系中各有不同的解釋，但仍有全球都行得通的通則，例如策略性管理、組織與公眾的對等性

溝通、多元化等。因為唯有遵循這些通則，公關才能對組織與社會發揮更大的價值。

古魯尼教授總結歸納出一個企業的公關部門對企業管理中的危機防範應負有的四項基本責任，分別是：環境偵測——確認組織四周的環境有什麼變化或警訊。議題管理——瞭解與掌握公眾對環境中、對組織哪些議題有什麼不滿。危機管理——預期組織會遭遇哪些危機，以及如何事先預防、事後解決。關係管理——為組織與公眾建立良好的長期雙向對等關係。

三、決定企業分治還是整合的八個關鍵

參與收購或新的商業發展的經理們經常會處於這樣的兩難境地：是讓新老公司相互融合還是讓它們「各司其政」？英國阿什裡奇戰略管理中心的經濟學家邁克爾·古爾德和管理中心主任安德魯·坎貝爾的研究發現，在決定是分還是合之前，經理們應該先搞清以下八個問題：

新公司是否只生產某項不同的產品或專門針對一部分市場

針對每個不同的市場，成立獨立的部門，這會有利於公司，因為這種做法能讓公司瞭解不同市場的不同需求，同時也增加了競爭對手「刺探商情」的難度。

新公司依靠的競爭優勢的來源是否相同

一家公司同時使用多項競爭優勢的來源是比較困難的。邁克爾·波特（Michael Porter）曾提出過一個著名的觀點：世上只有兩種競爭優勢的來源，即低成本和有特色。他說，所有的公司都試圖能做到這兩點，但都卡在了當中。事實上，競爭優勢的來源遠不止這兩種，但波特先生的觀點仍然適用：如果公司把注意力集中於某一項競爭優勢的來源上，它們的運營將更為有效。

新老公司的文化是否相同

人類是群居動物，所以他們總想合群。如果某一群人的表現有別於其他人，而這對他們有利，那麼就應該讓他們獨立成群。反之，他們就會選擇讓自己的文化與其他文化相融合，這對彼此都有利。寶潔和吉列就說明文化的融合能增強兩家公司的實力。

實現協同作用究竟有多難

人們通常認為，不整合就無法發揮協同作用，但情況並非如此。事實上，有些協同作用可以透過交流各自的計劃或合作夥伴的訊息更為容易地得以發揮，但有些協同作用很難以這種方式實現，因為彼此間還有利益衝突，在態度上有分歧或存在其他障礙。而此時，就需要企業家做判斷了：圍繞那些需要整合才能實現的協同作用進行整合，在需要保持獨立的方面仍然「各為其政」。

責任制怎樣實行才最好

如果沒有某種程度的責任制，幾乎沒有一家公司的運營能獲得成功。而且，公司越小，它的焦點就越集中，動力就越大。這樣看

來，實行責任制更需要保持新老公司間的獨立。但責任制也需要實現收支平衡。如果公司運營產生費用，它就需要能夠實現贏利，使收支相抵。通常，公司都需要較大的規模來實現收支平衡。因此，實行責任制就意味著有時需要整合多一些，而有時則需要獨立多一些。

我們是否擁有所需的人才

公司是能讓人在其中完成工作的機構。因此，公司的用人之道必須反映僱員的特點和技能。通常，理想的公司結構需要不斷調整以充分利用每個僱員的才能或彌補某一方面的缺陷。

靈活性有多重要

公司的結構需要定期調整。公司平均每兩到三年進行結構上的大調整。今天做的任何決定都應考慮到兩年後也許要做的決定。尤其是，如果今天決定與一家公司合併，也許會增加將來將它分割出去的難度。

合併或獨立還有沒有其他約束或限制

大多數公司所做的選擇都受到許多因素的限制。比如，在公司運營的地區有些法律問題，在遺產訊息技術系統或管理方面也有些約束。公司在做選擇時需要考慮這些約束條件。

這八個問題的答案有助於決定「分」與「合」的程度。通常，最後人們還是會選擇一定程度的「分」與一定程度的「合」相結合。另外，有所側重和強調整體這兩種做法都各有利弊，做決定時

也要在這兩者間有所折中。

四、導致企業失敗的十大錯誤

近年來，美國企業界不斷有大公司轟然垮臺：安然、世界通信、環球電訊、凱瑪特、寶麗來、安達信、施樂、奎斯特……它們或是單獨或成群地倒下，而這些企業不是普通的公司，都是一些強大的、人們認為不會垮掉的《財富》500強企業。

企業為什麼會失敗？排除所謂糟糕的經濟環境、動盪的市場、「9·11」恐怖襲擊、疲軟的日元、百年一遇的洪水、超級風暴、競爭對手的陰謀等等外在的各種因素，我們可以發現大多數公司失敗都可以歸結於一個簡單的原因——管理失誤。美國經濟管理專家認為，讓這些公司走向失敗的是一些人類所熟悉的愚蠢行為：否認、傲慢、自負、妄想、糟糕的溝通、鬆懈的管理、貪婪、欺騙以及許多其他的缺點，所有這些加在一起就鑄成了企業的失敗。下面就是這些公司失敗的十大基本錯誤。

成功沖昏了頭腦

「上帝要誰滅亡，必先讓他瘋狂。」希臘的悲劇詩人歐裡庇得斯在大約2500年以前這樣寫道。在這齣戲的現代版裡，神則讓他的犧牲品先享受40年的成功。實際上，這是一個已被證明的事實：一些研究表明，人們在經歷較長的成功時期之後，不太可能作出最佳的決定。NASA、安然、朗訊、世界通信公司在陷入麻煩之前都已經到達頂峰。有人應該告訴他們，大多數登山的意外事故是在下山的途中發生的。

考慮一下思科的情況吧。儘管思科還絕稱不上是一個失敗者，

但它在 2001 年春季的確遭受了嚴重的挫折——這一挫折的嚴重程度不僅體現在其下跌的快速程度（思科的股票在一年內損失了 88% 的價值），也是由於人們認為思科能夠比其他任何公司更清楚地預見未來。這一理念是基於被大加吹捧的能夠使思科的經理們「實時」地跟蹤供給和需求的 IT 系統，使他們能夠對未來作出清楚的預測。這一技術的確很出色。然而，預測結果卻並不靈驗。事實證明，思科的經理們從不費心考慮，如果一個主要的假設數字——增長率——從運算公式中消失的話，將會產生什麼樣的後果。畢竟，公司已經連續 40 多個季度實現了增長；這一增長將來為什麼不會繼續下去呢？

同時，這種玫瑰色的假設即使是當相反的證據開始不斷增加時也依然保持不變。客戶們開始破產，供應商警告需求量將會減少，競爭對手遲疑不決，就連華爾街都懷疑因特網設備市場是否正在分崩離析。然而首席執行官錢伯斯在 2000 年 12 月份宣布，「不論就我所處在的這個行業整體而言還是就思科自身的前景而言，我比以往任何時候都更加樂觀」，他依然預測思科的年增長率會達到 50%。

這時錢伯斯在想些什麼呢？在關於那場災難的權威性書籍《挑戰者號的決策》中，波士頓大學社會學家沃爾甘說，人們不會輕易地放棄他們已有的思維定勢，「他們可能會對一些與他們的想法相牴觸的證據感到困惑，」她寫到，「但是通常他們都會對此置之不理——直到他們偶然發現這樣的一個證據——它的誘惑程度使人無法不予理睬，它的清晰程度使人無法產生誤解，它的棘手程度使人無法加以否認——這一證據使得他們不想看到的其他信號變得清晰起來，迫使他們改變自己小心翼翼地營造起來的世界觀」。

對於永遠樂觀的錢伯斯來說，「這一證據」直到 2001 年 4 月才出現，伴隨著銷售額的下降，思科由於過量的庫存積壓沖銷了

25億美元的資產，並解僱了8500位僱員。錢伯斯可能是在「實時」地進行商業運作，但他卻不是在真實世界裡完成這一切的。

看不到危險

由於擁有65億美元現金儲備和強有力的競爭地位，思科公司尚能支撐，而寶麗來則不這麼幸運了。與舊經濟時代的施樂相同，寶麗來曾是一度引人注目的「頂尖50家」股價增長企業中的一員，但在歷經數年卻黯然失色。你可能會說，是時間淘汰了寶麗來公司，情況並非完全如此。看看另一家一度似乎注定要失敗的公司英特爾。

1985年，來自日本公司的競爭使得英特爾的記憶芯片變成了廉價的商品，觀察者們幾乎都認為英特爾公司將要垮掉。然而英特爾公司卻並沒有重蹈寶麗來的覆轍，英特爾決定完全地退出記憶芯片生產領域，專門生產微處理器。當安迪·葛魯夫與戈登·摩爾坐下來給自己出難題的時候，關鍵性的決定產生了。「如果我們被踢出董事會，董事會引入了一個新的首席執行官，」葛魯夫問摩爾，「你認為他會怎樣做？」答案便是從生產記憶芯片的行業退出來。他們後來說，從這一起點出發，剩下的便只是操作細節了。

與之相反，寶麗來和施樂在應對周圍世界的變化時則反應遲鈍。兩家公司的高層主管重複地將糟糕的業績歸咎於短期因素——貨幣波動、拉丁美洲出現的問題——而不是真正的原因：糟糕的商業模式。

吉姆·柯林斯是具有影響力的管理專著《基業長青》和《從良好到偉大》的作者。他花費了數年時間研究這樣一個問題：是什麼造就了一流的公司與平庸的公司的不同？「主要......是看你是開始在嚴酷的事實面前尋找理由為自己開脫，還是面對殘酷的事實，這

是關鍵性的一點。」透過強迫自己像局外人那樣思考問題，葛魯夫和摩爾在局面沒有變得不可收拾之前認識到了事實殘酷的真相。寶麗來和施樂則沒有。

懼怕老闆甚於懼怕競爭

有時首席執行官們得不到他們所需要的訊息，因而就無法作出正確的決定。心理學者和《首要的領導才能》一書的作者丹尼爾·高爾曼說，主要的原因是由於下屬懼怕告訴事情的真相。即使當老闆不想壓制不同的意見，一些微妙的信號——一個不愉快的表情、一個敷衍草率的回答——依然能夠表明壞消息不受歡迎。根據高爾曼和兩位同事的一項研究表明，這是高層的企業經理通常難以得到關於他們自己的業績表現準確評估的原因。

當然，在不良的環境下，僱員們則會更在意內部的因素——老闆可能會說什麼，管理層可能會做什麼——而不是關心來自外部的威脅。安然的情形就是如此，即使是發出警告的安然副總裁沃特金斯，為了避免受到首席執行官斯基林的斥責，也選擇了匿名的方式。而她還是勇敢者中的一員。

在第二次世界大戰期間，邱吉爾擔心自己富有傳奇色彩的個性會妨礙下屬向他傳遞壞消息，因此他在指揮系統之外設立了一個單獨的部門——統計辦公室，其主要職能就是向他提供最嚴酷、最不加粉飾的事實。與此相似，《公司如何說謊》一書的作者理查德·施羅思和拉里·埃利奧特建議，指定「提出反面意見的人」，讓其儘可能地提出最無禮的問題。這樣的機制能夠獲取訊息，並將其轉化為無法被忽視的訊息。

冒過度的風險

一些公司簡直是遊走在懸崖邊緣。環球電訊、奎斯特——這些失敗的電信企業選擇的是不僅危險而且極為魯莽的道路，他們所犯的主要錯誤就是同時冒兩種風險。

第一種風險可以被稱作「執行風險」。在他們將地球用光纖纏繞起來的競賽中，電信新貴們忽略了一些主要的問題：有沒有人需要所有這些光纖？是不是有太多的公司正在做相同的事？這些公司的大多數是否會失敗？「人們好像在說，『也許吧——但失敗者絕不會是我們。』」研究在動盪時期公司管理的貝恩公司諮詢顧問裡格比說，「每個人都認為自己能免於失敗。」

在執行風險之上是另一類風險，稱之為流動性風險。環球電訊借了120億美元高風險債務。當環境惡化時，環球電訊被自己的債務壓垮。

環球電訊最終沒有逃脫破產的命運。考慮到電信公司全線崩潰的嚴重程度，你可能會說，這是不可避免的。但的確有一些電信公司逃脫了毀滅的厄運。在西部拓荒時期被指責為毫無希望的保守派的南方貝爾公司，最終向世人展示的則是未受影響的資產負債表和強勁的競爭地位。南方貝爾公司首席執行官杜安·阿克曼一直堅守這樣的理念：「做股東金錢的優秀管理者。」這是一個何等出色的理念啊。

併購貪慾

併購是實現企業超常規發展的工具，但運用不當，則會因消化不良而將企業拖入泥淖。

世界通信公司的創始人埃博斯酷愛併購。他收購了MCI、MFS及其子公司UUNet。他還試圖吞併斯普林特。華爾街廉價的資本和高漲的股價幫助他實現了這一目標。很快世界通信的收入便達到

了390億美元。但是存在著一個問題：埃博斯不知道該如何消化他吞下的食物。作為一個天生的併購交易專家，他好像更關心捕獲新的併購對象，而不是將已存在的公司——所有75家公司——整合到一起。他所追求的是：「我們的目標不是獲得市場份額或成為全球性大公司，我們的目標是要成為華爾街排名第一的股票。」

結果是一片混亂。有一段時間，世界通信的銷售人員與UUNet的銷售人員為公司的電信合約展開了激烈的競爭。小客戶抱怨他們必須為他們的因特網、長途和本地電話的質詢給三個不同的客戶服務代表打電話。如果存在著消極增效作用這種現象，世界通信顯然已經受到了它的影響。

相信華爾街甚於自己的僱員

現代企業的運營環境，對經濟景氣指數越來越依賴。當公佈公司財報時，有的公司為了博得金融機構的歡心，也為了有更高的評論，從而方便融資，會向股東提供虛假訊息。他們在粉飾太平之餘，公司的管理卻越來越脫離正軌。我們來看看朗訊這個世界通信大廠是怎樣倒下的。

沒有人比華爾街更喜歡聽業績增長的好消息的了。在20世紀90年代後期，也沒有人比朗訊公司的首席執行官裡奇·麥克吉恩更擅於向華爾街提供這樣的好消息了。他知道該如何給華爾街提供其想要的東西——爆炸性的業績增長的頭條新聞——而作為回報，華爾街使麥克吉恩和他領導的小組變得與搖滾樂歌星一樣出名。對於一直從事電信行業工作的人們來說，這是一件讓人陶醉的事情。

就在麥克吉恩為華爾街而忙著表現的時候，他忽視了至少兩個小組的意見。第一個小組是朗訊的技術人員，他們擔心朗訊正在失去開發能夠更快速地傳輸聲音和數據的光纖技術OC-192的機會。

他們為開發 OC-192而徒勞地呼籲，眼睜睜地看著競爭對手北方電信公司利用 OC-192取得了巨大的成功。同時，麥克吉恩還忽視了朗訊的銷售人員，這些人本可以告訴他，他的銷售增長目標正在變得越來越不切實際。要想實現這些增長目標，僱員們不得不用大幅度的折扣比例和過分慷慨的財務安排（大部分是向網絡公司）來預支未來季度的銷售額。「當我們被甩得越來越遠的時候，」董事長亨利·沙赫特後來解釋道，「我們打折扣的程度也越來越高」。

這僅能維持一段時間。在朗訊損失了其超過 80%的股票價值以後，沙赫特替代麥克吉恩成了首席執行官，他與《財富》雜誌的記者坐下來一起反思代價慘重的教訓時說：「股價只是副產品，它不是刺激增長的因素。每當我看到我們中有人沒能認識到這一點時，總會有令人痛苦的教訓出現。」企業最高管理層需要瞭解華爾街想要的東西──但是沒有必要將這些東西提供給他們。

搖擺不定的策略

當公司陷入麻煩的時候，人們通常都希望能夠迅速地解決問題。結果便會產生柯林斯在《從良好到偉大》中所描述的那種搖擺不定的策略：「A&P公司動搖不定，從一種經營戰略游移到另一種經營戰略，總希望能夠找到迅速解決問題的單一行動方案。它召開打氣會，舉辦各種活動，追逐潮流，開除首席執行官，僱用首席執行官，然後再一次開除他們。」在企業從一個解決方案轉向另一個解決方案的時候，卻並沒有獲得增長的動力。

柯林斯將這稱為「厄運循環」。凱瑪特是另外一個犧牲品。在 20世紀 80年代和 90年代早期，凱瑪特致力於多元化經營，從經營折扣店到收購 Sports Authority、Office Max和 Borders Bookstores等連鎖店的股權。但是在 90年代，新的管理小組放棄

了這些商店，決定在 IT 行業投巨資來改善凱瑪特的供應鏈。這一戰略持續了一段時間，直到新任首席執行官康納威決定，凱瑪特應嘗試在自己的專業領域打敗老冤家沃爾瑪公司。於是引發了一場災難性的價格戰，結果證明凱瑪特無法再承受這一連串的錯誤。「當你觀察深陷危機之中的公司時，」柯林斯說，「你會發現他們通常會採取大規模、虛張聲勢的一邊倒的行動，而非經過深思熟慮的行動」。

危險的企業文化

安然和所羅門兄弟公司完全或幾乎是完全被少數人的不正當行為搞垮的。而這些公司裡的害群之馬是在相同的環境——腐敗的企業文化環境中成長並活躍起來的。無論制定多少會計及其他方面的管理措施，想監控每位僱員的行為都是不可能的。但是無論是含蓄的暗示或是明確的闡述，一家公司的文化準則應該能夠促使一線僱員在沒有監督的情況下做出正確的決定。在所羅門兄弟公司，企業文化卻產生了相反的結果。這家公司的違規者是一個名叫保羅·莫澤的交易員，他於 1991 年 2 月份以不正當的高價競買美國國債。雖然在 5 月 22 日他不正當競標的劣跡終於敗露，但關鍵性的事件則是發生在 4 月份。當時所羅門兄弟公司總裁約翰·根佛蘭德得知了 2 月份莫澤過高競價的事情，但卻沒有就此事件追究莫澤的責任。莫澤明顯地將根佛蘭德的無所作為當做是一種默許。

所羅門兄弟公司虛張聲勢的企業文化鼓勵了沒有責任感的冒險行為。安然的企業文化鼓勵了秘密獲利的不正當行為。腐敗的企業文化導致腐敗的行為。

新經濟的死亡螺旋

前美聯儲主席格林斯潘對企業失敗有其獨特的理論。在證實有關安然的事時，他指出，「如果一家公司的附加價值源於無形資產，那麼它天生就很脆弱，因為信譽和聲望會在一夜間消失殆盡，而一家工廠則不會這樣。」最近的一些公司破產的速度好像證實了他的理論。第一塊多米諾骨牌被推倒，企業便進入「死亡螺旋」：人們懷疑企業是否有不正當的行為，客戶推遲訂貨，評級機構調低企業的債務等級，僱員們尋找退路，更多的客戶也紛紛離去，於是便出現了安然前任首席執行官斯基林所稱的「典型的銀行擠兌」現象。

有可能中止死亡螺旋嗎？當然有，但只有在你阻止了螺旋加速之後。所羅門兄弟公司透過聘請沃倫·巴菲特作為過渡期的首席執行官才中斷了這一循環——這實質上是注入了很大的可信度。一旦開始，死亡螺旋能讓一家以人和觀念為主要資產的公司蒙受滅頂之災。

喪失功能的董事會

當初安然的董事會在想些什麼？在通往企業終結過程中的所有不光彩的時刻裡，也許最無法解釋的就是董事會放棄安然的道德準則，以適應首席財務官安德魯·法斯托合夥人地位的決定。

儘管股東行動主義的價值觀已經推行了 10 年，安然的董事會卻並不是一個特例。令人悲哀的事實是大多數企業的董事會成員依然受企業高層管理者的牽制。「我從不被允許在董事會上發言，除非我要匯報的情況完美無缺，」施樂董事會成員包括弗農·喬丹和前參議員喬治·米切爾的一位前任高級主管說，「你只可以報告好消息。每件事情都經過粉飾。」在許多企業的董事會上，首席執行官監控會議進程，自己挑選董事，填鴨式地向他們灌輸訊息。約翰

·斯梅爾是寶潔公司的前任首席執行官，他還曾擔任過通用汽車公司的董事長。斯梅爾說：「除了管理層告訴他們的之外，董事們對實際情況瞭解甚少。」

董事會需要瞭解更多的情況。你必須告訴首席執行官，你需要瞭解的是壞消息。

五、企業陷落前的七大預兆

自 2001 年以來，全球已經有 71 家資產市值達 10 億美元的企業走入歷史，251 家資產市值 1 億美元的企業宣告破產，這個數字創下歷史新高。人們可能搞不懂，為什麼一些表面看起來很成功的企業，最後卻以失敗收場。

身為會計師，同時幫助過多家企業進行重整的顧問格勒在《利潤》雜誌（Profit）中分析認為，不論是房地產公司或餐具供貨商，企業的失敗都可歸納出七項共通的因素。企業主管要不就是忽略，要不就是根本沒有注意這些徵兆：

缺乏管理訊息系統

管理訊息系統可以視為企業心臟的偵測器。因為這個系統可以每日產出企業的健康報告，讓主管及時修正策略與計劃，避免問題演變成不可收拾的情況。

庫存與應收帳款是管理系統中最關鍵的兩個要件。庫存控制系統失當的企業，最後可能導致顧客無法如期取得貨品，因為銷售人員根據計算機存貨的記錄，接下訂單與承諾發貨日期，但是等到要出貨時，才發現庫存不足，如此企業自然會流失顧客。

存貨系統不健全可能是貨品流通速度太慢。為瞭解決這個問題，企業必須定期進行存貨盤點，核對盤點結果與計算機記錄；同時在進行盤點時，也要由非倉庫員工來執行，如此可以避免員工偷竊的事情發生。

而缺乏應收帳款催收系統的企業，會造成過多未支付的單據，結果導致現金流量下降，危及企業的生存。解決應收帳款積欠的問題，企業應該每星期清查應收帳款；業務人員的傭金計算要以淨銷售額，而不是以總銷售額為基礎；對於到期末付的應收帳款要立即追蹤；催收帳款部門必須記錄催收動作的細節，並且與顧客討論付款方式，完全負起收款的責任。

未有效控制管理費用

你的花費必須低於你賺得的利潤，這是一個簡單的道理，但是許多企業卻忽略了這個原則。格勒指出，他目睹太多企業奢侈的花費，如高級轎車、旅行搭頭等艙、豪華飯店等，企業內如果有一人如此奢華花費，沒有多久，很多人就會起而傚尤。企業要解決這個問題，必鬚發展一套費用核準程序，這個程序不僅規範員工，也規範主管。此外，企業必須定期衡量費用與預算，計算企業的花費是否合理。

過度依賴少數重要顧客

企業只依賴一個或少數幾個顧客，是很危險的事情。萬一這個顧客沒了，企業的生存就受到威脅。企業應該設法拓展銷售渠道，同時與顧客建立穩固的關係，讓他們沒有理由離開。

缺少財務知識與技能

創業家通常具備遠景規劃，也能夠推動企業成長，但是通常也缺乏必備的財務技能來管理企業的現金流量與獲利能力。根據格勒的經驗，創業家天生都比較樂觀，這個特質也容易讓他們錯估企業的財務警訊。創業家可以聘請財務專家，負責管理企業財務，這樣也能讓創業家專心在他最擅長的事務上。

企業過度預支，負債居高不下

貸款創業是稀鬆平常的事，但是如果支撐企業的是負債而不是利潤，企業很快就會倒閉。企業的負債如果太高，可以思考是否先將與日常業務無關的資產賣出以償還債務，譬如閒置的廠房與用地，或是可轉換債券與設備；評估營運費用，如房租、薪資與存貨，是否仍有縮減的空間；重新檢討負債，選擇利率較低的金融機構。

現金流量管理不當

現金流量對於企業，就像氧氣對於人一樣，是生存的命脈。要有效管理企業現金流量，有這樣幾個原則：讓應收帳款與應付帳款的期限維持一致，或者確保應付帳款的期限比應收帳款的期限長。舉例來說，如果你允許顧客60天後付款，則你與供貨商之間的付款期限，至少也要有60天的期限或者更長。如此，你才能夠運用現金流量，而不是負債來支付你售出的商品。另外，除非享有折扣，否則你的應付帳款應儘量延後至最後一天再支付；評估你的應收帳款，越快收回越好；如果有太多不必要的人員配置，要設法緊縮。

管理階層不尋求協助

有太多企業財務發生危機時，管理人員卻矢口否認，他們多半認為這代表個人的失敗；即使他們承認，也執意自行處理。其實，企業主管應該認識到，快速尋求協助，才能為企業省下更多金錢。畢竟，如果你需要開刀，難道還自己動手不成。

六、別讓知識庫變成垃圾桶

目前一些企業對於知識管理大都已具備基本概念，也能夠意識到知識管理的確是提升企業競爭力的利器。雖然很多人對顯性知識、隱性知識、學習型組織等名詞朗朗上口，不過最怕老闆一時興起，或一知半解地推動知識管理；或不得其門而入，或弄得人仰馬翻，降低了知識管理應有的價值。

有些企業將知識管理想得過於簡單，以為建置了 Notes或Exchange平臺，讓同仁可以分享 Office文件檔案，然後指派一位首席知識官（Chief Knowledge Officer，簡稱CKO），再辦幾場有關知識管理的讀書會，以為就是知識管理了。其實事情遠沒有那麼簡單。

推動知識管理不應掉以輕心

許多負責推動知識管理的人員遇到的第一個實務上的困難是，到底什麼資料放進知識庫才有效益？資料的篩選、彙總、分類，有沒有什麼原則可以參考？第二個常見的問題是，如何鼓勵同仁願意分享和貢獻？有什麼激勵措施可以參考？如何與效益整合？另外，當企業知識某部分已經 e化完成之後，應該如何進行權限控管，以

防檔案外流到競爭對手的手中？

知識的分享或保護，要在推行知識管理時審慎考慮。不過最重要的是，如果沒有先將企業之所以要推動知識管理的策略目標定義清楚，便很容易誤犯下「敝帚自珍」或「矯枉過正」的毛病，那麼到頭來很可能都會讓原本的知識變成了一堆垃圾。

敝帚自珍──不清楚核心競爭力

「敝帚自珍」的毛病，大都起因於對自己的核心競爭力定義不清。讓我們看看具體的案例。

上海永和豆漿大王已在中國成功地發展出連鎖經營體系。當初為了發展連鎖體系，必須將各種口味配方撰寫成「標準作業手冊」，而業主擔心一旦標準化後，員工離職將會帶走配方，培養出更多潛在的競爭者。但引進國際資金後，衡量其利弊得失，決定採取較為開放的策略，完全以書面標準化的作業程序，輔以密集的人員培訓計劃，終於使其成功地快速發展起來了覆蓋上海、北京的網絡。

臺灣某家經營網絡購物的業者，已將各種網頁規範、訂購流程、回饋意見等機制，製作成標準程序的網頁。不過卻懷疑資料可能已經外流至競爭對手，因為似乎有競爭對手以新進員工的身份潛入公司，將其標準程序規範資料擷取完成後即離職，使其競爭力不斷下降，營業績效每況愈下。因此該業者打算將所有的標準作業流程，通通採取嚴格的閱讀限制及加密保護措施，以改善其競爭力逐漸下降的現象。

很多業者習慣以「留一手」的做法來保持競爭優勢，不過也要看看保留的東西到底對還是不對。上海永和豆漿大王的口味是核心競爭力嗎？某網絡公司經營績效不佳的理由，是因為標準作業程序

及網頁設計流程外流所致嗎？以永和豆漿大王的例子來看，快速發展連鎖體系以及物流系統、員工訓練的模式，才是其成功的關鍵。口味配方的流失與其核心競爭力的影響根本上就沒有直接的關係，否則在麥當勞打工的服務生不就都成了麥當勞潛在的競爭者了嗎？

案例中的某網絡公司，居然讓新進員工得以接觸到自認為核心競爭力的資料，正顯示出內部控制以及員工契約方面的管理措施，根本就沒有通盤的規劃，足以種下日後失敗的種子。而該網絡公司的經營不善，恐怕其營運模式及收費模式的偏差才是主因，該業者引以為傲的作業流程標準化程序流失與否，其實和經營不振的狀況沒有直接的關聯。

矯枉過正——不瞭解人性與科技面

「矯枉過正」則可能是對人性和科技面所產生的問題及解決能力沒有正確的認識。

中國某電子公司為了不讓核心研發知識外流，建置了複雜的訊息系統，將各種文件層層加密，不允許員工擅自儲存、修改、影印、上傳、下載。任何的編輯修改，都需要「文件管制中心繫統」的「企業審核流程」審核透過，才能公佈、影印或傳閱。不過在某次訊息中心清查中卻意外地發現，員工可以將檔案以 E-mail 方式傳至公司外部的服務器，並且有若干的設計圖已經外流。

訊息科技雖然能夠保護重要檔案不至於流失或者是被覆制，但仍然無法百分之百防止有心人的竊取和破解。花費了大把鈔票所建置的層層保護措施及集中管控所帶來的不便，有時反而更激發有心人想要挑戰及破解的企圖。唯有透過法律的規範，以及對於人員操守的考核及長期教育的加強，才能降低核心知識內容外流的幾率。

一線之間──避免邊際效用遞減

知識訊息價值的高低，並不在豐富與否，而在於是否適時、適地、適量。企業通常會建置豐富的知識庫，希望吸引員工上網創作或閱讀；或是以電子報的形式主動傳遞到同事的信箱中。不論使用何種方式，都必須有清楚的認識。知識內容的邊際效用遞減，知識和垃圾的差別往往只在一線之間。

某公司已建置完備的 Intranet系統及 Notes數據庫，正逐步實施知識管理計劃。負責知識管理數據庫的員工，相當盡責地輸入了大量的數據庫數據，但卻發現其使用率極低。連帶也使得老闆推動知識管理的美意大打折扣，員工對知識管理沒有共識，該員工的工作熱情也逐漸降低，讓整個辛苦建置的知識管理系統愈來愈像公式化的表面功夫。

某企業的員工，對知識管理的新知甚有興趣，非常熱心地扮演起訊息傳播者的角色，不定期將各種最新訊息、業界新知以及個人的心得感想等，以電子報的形式，固定發送給全公司的同事。但在某日卻不經意地發現，其辛苦編輯的電子報被若干同事認定為打擾工作的垃圾郵件，隨手刪除了，令他沮喪不已。

一套規劃完善、內容豐富的知識管理知識庫，卻無法引發員工的使用興趣，這已經不是訊息科技可以解決的問題了。唯有透過社群運作的機制，如設置「學習小組」、「知識社區」，並與實際的績效考核制度結合，才是引發員工熱情參與的關鍵。而該企業員工熱心寄電子郵件給同事的各種豐富訊息，若以不正確的形式、不正確的時間、傳送到不需要的人員手中，就很可能成為別人眼中的垃圾。

知識管理淪為垃圾的七大徵兆

如果在推動知識管理過程中，發生了下列各種徵兆，那可得特別注意，因為你的知識很可能就會在不久的時間內成為垃圾。

1‧知識供需失調，期望不一

知識的供給端和需求端，對彼此的認知不同，過度的期望，往往是失望的開端。例如企業只求不斷擴充知識庫來源，希望員工多多吸取新知，卻不問員工對新知的需求為何；或企業希望員工多多創作分享，卻無法讓員工解除對於分享知識的威脅感，都會讓知識管理的推動遭遇到莫大的阻礙。

2‧過時的、無法及時傳達的知識

知識的效益是有時效性的。但「時效性」的定義，指的是使用者需要的時間，而不是訊息本身發生的時間。新聞和歷史都有其價值，但當使用者需要查閱某種特定條件下的資料，卻無法實時響應給他完整的訊息時，知識傳遞的效果便會大打折扣。

3‧無法解決實際問題或發揮效用

知識庫中的內容如果無法對工作者在工作上產生實質的幫助，解決特定的問題，或協助決策支持，即使擁有再多的資料，充其量也只扮演了圖書館的角色罷了。

4‧不正確的情境，不正確的形式

以研發為主和以營銷為主的企業，需要蒐集的訊息及所要發展的知識當然不同；快速發展中的企業，以及有組織包袱的企業，所應該使用的知識傳遞方法，也有所差異。知識庫、電子報、討論區、文件庫、e-Learning等工具對於不同的知識內容，也都各有不同的適用領域和適用時機。

5·傳遞給不正確的人

生產、營銷、人力資源、研發、財務等企業各功能或項目組織成員，需求的知識當然不同。絕對無法滿足所有人對特定知識的需求，應該是在有限的範圍、有限的功能內，提供最完整的內容。而這也正是為什麼近來企業訊息門戶網站（EIP，Enterprise InformationPortal）和知識管理系統如此密不可分的原因。

6·使用率低的知識庫

任憑你考慮得多麼細密，建置得多麼充實，一個沒有使用者捧場的知識庫，就沒有任何價值可言。

7·無法有效擴散、傳播、分享

將企業知識 e化的終極目的，在於可以快速擴散、傳播、分享，發揮其經濟效益。因此在權限控管範圍內的特定人員，對於特定知識的分享及流通，應該擁有充分的自由，有關資料加密及保護的相關技術，則是另外的議題。如果你只是要記錄和儲存過去的文件和檔案，那麼你真正需要的應該只是文件管理的功能而已。

七、變革的勇氣

臺灣一家企業的總裁在一次招聘部門經理時遇到一位對自己滿懷信心的經理。那位經理自我介紹說他在一家企業的某部門幹了20多年經理，擁有這方面的豐富經驗，自認為是最適合的人選。然而這位總裁聽罷連連搖頭：「正是因為這個，我不能聘用你——你在一個部門幹了20多年，一定有一腦子框框，20多年的豐富經驗是你最大的劣勢，會讓你在20多年鋪就的老路上一直走下去。」企業的發展有賴變革與創新，有沒有變革的勇氣，決定了你在激烈的商戰競爭中的勝與敗。

不敢越雷池的猴子

有一個著名的實驗是這樣的：

研究人員把五隻猴子關在一個籠子裡，籠子一端掛了串香蕉，旁邊有個自動裝置，若偵測到有猴子要去拿香蕉，立刻會有水噴向籠子。實驗開始後，有隻猴子去拿香蕉，噴出來的水頓時把猴子們都淋成了落湯雞，每隻猴子都去嘗試了，發現都是如此。於是，猴子們達成一個共識——「不要去拿香蕉，因為有水會噴出來」。

後來實驗人員把其中的一隻猴子拿走，換進一只新猴子。這只新猴子進到籠子裡看到香蕉，馬上想要去拿，結果被另外四隻猴子揍了一頓，因為它們認為新猴子會害它們被水淋濕。新猴子嘗試了幾次，結果被打得滿臉花，還是沒有拿到香蕉，當然這五隻猴子就沒有被水噴到。後來實驗人員把噴水裝置拿走了，再把一只原來的猴子換走，換進另外一只新猴子。這隻猴子看到香蕉，當然也是馬上要去拿。結果也是被其他四隻猴子痛打了一頓。新猴子試了幾次總是被打得很慘，只好作罷。再後來慢慢的一只一只的，所有的原來的猴子都換成新猴子了，可大家都不敢去動那串香蕉，但是它們都不知道為什麼。

經驗把這些猴子束縛在舊的框框裡，使本來唾手可得的東西變得遙不可及。有些企業的經理人的思想在某種程度上並沒有超越這些猴子，他們習慣於墨守成規，既想不起變革，也沒有勇氣去創新，他們認為經驗是前人總結出來的，我們有什麼理由不按照前人的路走下去，而要另闢新路？

成功變革的五項原則

處於瞬息萬變的今天，如果公司不使用新科技，不進入新市場，不以新方式管理員工，不以新的方法或態度面對許多事物，公司就有可能面臨「不變革，就死亡」的境況。但是變革了，真的就

不會死亡嗎？許多研究結果顯示，事實上，大部分的企業變革都是以失敗收尾，公司投入了資源，但是卻沒有達到預期目標，反而賠上了員工的士氣，浪費了公司的金錢和時間。

那麼，怎麼變革才能成功？組織變革專家麥克拉根在《訓練與發展》（T+D）雜誌中撰文指出，公司在進行變革時，必須遵守這樣五項原則：

1．確定變革具有顯著效果

這個原則看似簡單，但是公司在進行變革時，卻不一定能做到。許多公司進行變革是因為追隨最新流行趨勢、某位主管的個人偏好等。決定進行變革前，公司必須明確評估變革的真正價值。

評估變革是否具有顯著效果，公司應該自問：在現有環境中，這個變革會不會讓公司更成功？這個變革能不能提升客服或產品質量？這個變革對員工的工作是否有正面影響？這個變革能否增進整個企業的業績（對組織某部分有益的變革，不見得對企業整體都有益）？

2．變革程序符合變革需求

有些變革複雜且難以預期（例如，公司進入電子商務市場），有些變革則比較簡單（例如，辦公室改用新計算機軟件）。複雜的變革通常需要公司創造新的角色、關係、系統和程序，簡單的變革則只需要一些新的行為，例如，員工學習一項新技能。

評估變革需要何種程序配合，公司應該自問：這個變革有多複雜？這個變革有沒有前例可循？這個變革是簡單可預期、簡單不可預期、複雜可預期還是複雜不可預期？公司需要何種程度的投資才能確保變革成功？

3．主管支持變革

變革能否成功，主管扮演關鍵性角色。可預期的變革比較依賴結構性及傳統的運作方式，主管只需發揮幫襯效果。不可預期的變革則比較依賴分權及彈性的運作方式，不止組織，主管也需要變革。

在領導變革時，主管應該自問：在這個變革中，公司的目標是什麼？公司如何才能完成這些目標？如何執行這個變革，才能在紀律及彈性間找到平衡？變革要成功，需要哪些資源？以及需要把管理重心放在何處？公司是否有決心給予這個變革所需的資金及長期的支持？公司如何向員工溝通變革過程中的小成果，以保持這個變革的動力（分階段的變革，比一次進行一個大變革容易成功）？

4．公司系統準備好迎接變革

變革失敗的一個常見原因是缺乏系統性，公司要成功推動一個小的變革，相關的其他部分也必須隨之改變。成功的變革不是把注意力放在單一功能或部門，而是放在與之相關的所有事物。

評估公司系統需要做好哪些準備，公司應該自問：哪些運作程序會直接或間接受到這個變革的影響？如何調整它們？支持這個變革，各主管需要做什麼？公司能夠如何協助他們？公司的人力資源系統，如何支持或妨礙這個變革？如何才能獲得人力資源系統的配合？公司中有哪些藩籬會阻擋變革？公司應該如何處理它們？對於給予變革需要的支持，公司具有多少信心？

5．幫助員工配合變革

除了決策部分，變革時也不要忽略了員工。當員工相信變革是正確的，而且符合程序正義時，他們甚至會接受對他們個人不利的變革。公司應該向員工溝通變革的價值，並且讓員工相信變革是做得到的，才能爭取員工的支持。員工願意改變的原因包括順從公司命令、追隨他們尊敬的人，以及支持他們真心相信的變革，越後面

的原因，員工對變革的承諾越高。

　　思考如何幫助員工配合變革，公司應該自問：變革將對哪些人不利？公司在做決定時如何做到公平？這個改變對組織和員工而言，短期和長期的主要正面影響為何？誰是員工的意見領袖（他們常常不是職位上正式的領袖）？如何能夠邀請他們參與變革？直到變革上軌道為止，主管必須不斷重複的主要訊息為何？能夠協助定義或執行這個變革的人，需要在何處參與變革？要開始和持續進行這個變革，員工需要哪些技能？公司能夠如何幫助他們建立這些技能？公司必須提供哪些獎勵，鼓勵員工配合變革？

秘訣六　終極參考

成功的企業，面對洶湧澎湃的市場經濟大潮，需要有種大氣魄。世界級

的大氣魄的公司和人物，需要我們瞭解。

一、傑出CEO的成功感言

在大學裡沒有領導藝術這門課，但你可以從走上成功路的頂尖老闆那裡學到。下面這些國際知名的首席執行官的領導藝術對你定會有所啟發。

我必須徹底剷除蓄意破壞的人

——雷富禮（寶潔公司首席執行官）

1．最艱巨的挑戰

當初我幾乎名不見經傳，因此最初的挑戰是如何贏得領導層及全公司 10萬名員工的信任。宣布我擔任 CEO的當天，寶潔公司的股價就下跌了。一兩個星期之後，當我第二次在公開場合發言時，股價再次下滑。我幾乎走遍了全世界，面對面地接觸了許多對我持批評意見的人。

2．如何看待非難

我收到了大量負面反饋。我經常談及承諾的等級問題。位於頂端的是信徒——這些人對你本人以及你的所作所為深信不疑。最底

層的是蓄意破壞的人。而分佈在兩級之間的則是形形色色的人群。所以，我必須確保剷除蓄意破壞的人，招募一大批忠實的追隨者，並且讓所有的騎牆派發揮出積極的作用。

3．如何看待溝通

我不太熱衷於發電子郵件。可能的情況下，我更喜歡面對面交流。我們通常在某個自助餐廳或廳堂裡見面。簡單寒暄之後，我會把一半到三分之二的時間用於評議和問答環節，因為只有在這個時候你才能真正瞭解人們的想法。

4．最喜愛的領袖

林肯總統。儘管形勢對他極為不利，但他仍然堅定不移地維護聯邦的統一。

領導公司就像教育子女：你得不斷後撤

——卡利·羅尼（The Knot雜誌創始人之一兼總編輯）

1．放手

當我有第一個孩子的時候，我親自操持所有事務，我大約在家裡待了三個星期。生第二個孩子的時候，我再也不能像上次那樣了。有趣的是，我必須真正依靠自己的才能，而不是純粹投入時間。我信任我的員工，當我下午 6：30下班的時候，我知道他們會一直工作到9：30，這就是關於信任的一個很好的例證。你必須放手。領導一家公司就像教育子女：你得不斷後撤，從而讓它逐漸成長為自我發展的有機體。你應該確保無論你在與不在，你建立的這家機構時刻都能自行運轉。

2．克制自尊心

領導者應保持一種非常平衡的心態，既要對自己信任的事情抱有一腔熱忱，也要能夠在發現錯誤的時候勇於承認。我說服員工相信當季最流行的趨勢。但是，當我參加了兩場時裝表演之後發現自己完全錯了。因此，你必須學會克制自己的自尊心，只要你最關心的是你的產品，那就沒關係。

3．最喜愛的領袖

哈維爾。他讓人相信，命運掌握在自己手中。

我先是傾聽，隨後便立即行動

——特裡·倫德格倫（聯合百貨公司首席執行官）

1．傾聽

我一直都很善於傾聽。而且，坦白地說，我無法解決所有問題。所以我願意聆聽。但是，聽完之後我會馬上採取行動。我已瞭解到了所有的訊息，所以就應該做點什麼。人們需要一個決斷。如果你聽得心不在焉，然後隨口應付，別人就會不知所措，而這樣的領導毫無用處。

2．推動變革

我 35歲的時候開始擔任 Bullocks Wilshire的首席執行官，那是聯合百貨公司的一個分部。我取代的那位負責人剛剛退休，機構內部沒有太大的變化。而我知道，對於年輕消費者而言，我們沒有多大吸引力，所以我們決定在廣告方面進行一些新的嘗試。我們已經做了 50年簡單的線條圖廣告，到那時這麼做已經不行了。但這種廣告是公司的一大傳統。因此，我的決定招來一片反對聲——「你怎麼能剛上任就幹這種事呢？」當時，我並不知道這個決定是否正確，但你必須對這項業務有敏感的直覺。我聘請一些人來

改進市場營銷工作。結果，我們一夜之間觀點就與時代合拍了。

3．最喜愛的領袖

馬丁·路德·金。儘管身處逆境，他仍然堅守自己的信念。

作為領導，你必須不惜一切，你得讓別人敬畏你

——凱文·夏爾（安進公司首席執行官）

1．學習領導藝術

我在海軍的一艘核潛艇上服役的時候才 20 出頭，當時有 80 人服從我的指揮，因此那是一次最高級別的在職領導培訓。後來，在通用電氣與傑克·韋爾奇共事的時候，我有機會看到了處於事業巔峰的他。對一個 30 來歲的人而言，這就是跟隨在大師身邊學習。我記得在一次會議上，我坐在觀眾席上聽傑克說，通用電氣要成為全世界市值最高的公司。當時，IBM 的地位似乎固若金湯。我暗忖：「我不知道這是暢想，是幻想，還是妄想，但我將參與其間。」

2．勇氣

你應該努力激發創新的熱情和願望。而新興事物是令人生畏的。作為領導人，你應該不惜一切爭取成功。所以，你得讓別人敬畏你。

3．反饋

你得讓不斷湧現的、充滿建設性的回饋意見督促你擺脫安逸的現狀。當你成為 CEO 後，這項工作就顯得更為重要。每年都會有人對我的管理寫報告，並且對我的表現進行評價。每年聖誕節的時候，我也會給所有高管寫一封兩頁紙的信，總結他們的成績，並且

告訴他們明年應該關注哪些工作。

4．受人愛戴和令人畏懼哪樣更好

我認為最好是得到信任。畏懼會扼殺真誠，公司也就無法發揮潛力。而受愛戴的問題在於，他們並不一定尊重你。

5．最喜愛的領袖

海軍上將納爾遜勛爵。作為一個信守承諾的領袖，他教會了我所知的一切。

最不該的就是太把自己當回事兒

——卡羅爾·巴茨（歐特克公司首席執行官）

1．觀察他人

我認為領導能力是一種自然的流露。但是，你可以不斷調整風格。我的辦法是觀察別人。我喜歡關注他人的長處和短處，然後對自己說：「嗯，這對我來說很有用。」我不大喜歡教導別人，因為我覺得這就好像是給雪花配對。

2．領導應有的素質

如果你自己都興奮不起來，你又怎能激發別人的熱情呢？大家都明白這一點。這就像孩子和小狗能夠感覺到人們喜歡不喜歡他們一樣。

3．最嚴重的錯誤

最不該的就是太把自己當回事兒。我挺有幽默感的，但有時仍免不了太把自己當回事兒。新上任的領導就更是如此。他們是公眾人物，因此總是覺得為了維護自身形象就必須正確回答問題。但實際上，你只需對率真的自我感到自豪就可以。

4・最喜愛的領袖

比爾·柯林頓。當你被引見給他的時候，彷彿整個房間裡只有你一個人。

尋找正直的人。我認為這是最基本的條件

——斯坦利·奧尼爾（美林證券公司首席執行官）

1・小組工作

在你周圍安置最佳人選，並且用大量時間營造一種共識——即創建一項任務——以及一種氛圍，在這個環境裡人們有機會全面發揮自己的潛能。在過去的 19年裡，我很幸運地在美林公司的幾乎所有部門工作過。因此，我現在的高層小組的每個成員都是我的老熟人。我認為，這樣的熟悉程度你再也找不出第二個。

2・發掘未來領導人

尋找正直的人。我認為這是最基本的條件。除此而外，就是要有清晰的思路。一個人如何處理問題或機遇的方法，往往比他得出的結論更重要，因為你能夠從中看出他在處理其他情況時的反應。

3・受愛戴還是令人畏懼

沒有哪個頭腦正常的人會希望別人怕他。畏懼是一種負面的情緒，它會影響發揮。誰希望讓人畏懼呢？我覺得「受尊敬」這個詞兒更合適。

4・最喜愛的領袖

馬丁·路德·金。我成長於 20世紀五六十年代，而且是在遭受種族隔離的南方。我確信他一定有過困惑，而且和所有人一樣，他也害怕過。但是，他並沒有被這種情緒擊敗。

透明度非常重要

——比爾·佐拉斯（耶路運輸公司首席執行官）

1．交流

透明度非常重要。透過電子郵件來領導很困難。我剛到耶路的時候，公司的情況一團糟。所以，我把 85% 的時間花在路上，與大家一對一地交談，或是進行小範圍的談話。一大早，我先與銷售人員會談，然後和駕駛員談，再和碼頭工人談。晚上，我會和客戶一起吃飯。我向每個群體的聽眾重複同樣的話，說得我都快吐了。和我一起旅行的人殺了我的心都有。但是，在傳達你的訊息時，你必須不知疲倦。

2．領導和管理

管理是確保你把事做對。而領導則是確保你做的是正確的事。

3．速敗速進

一個領導必須理解「速敗速進」的概念。不要害怕嘗試，但是如果某件事不見效，那就趕快另做打算。有時，人們首先做的是試圖證明他們是正確的。

4．最喜愛的領袖

哈里·杜魯門。他是那種實事求是的人。他不玩文字遊戲，而且言出行。對於一個政治家而言，這非比尋常。

二、智慧箴言

美國《財富》（Fortune）雜誌曾採訪了近 30 位世界知名的企業執行長和管理大師，問他們在經營企業過程中，曾經得到最好

的忠告是什麼。而他們所談及的珍貴的忠告，多半不只是管理的智慧，更多的其實是人生智慧。這也證明成功的企業經營秘訣，還是來自於人性和人生經驗。

勇敢面對困難的工作

——賴夫利（A.G.Lafley，寶潔執行官）

賴夫利曾因對公司的官僚體制以及緩慢的改變不滿意而提請辭職。當他把辭呈遞交給主管唐諾凡時，唐諾凡當他的面把辭呈撕掉。賴夫利說，「我還有複印件。」

唐諾凡對他說，「你現在回家，今天晚上打電話給我。」當晚，賴夫利打電話給他的時候，他要賴夫利「下個星期不要進辦公室，每天晚上來看我。」接下來一週，賴夫利每晚到他家，喝一兩杯啤酒談天，唐諾凡深入瞭解賴夫利想要離開寶潔的原因。

他告訴賴夫利，「你在逃避，你沒有勇氣留下來改變寶潔。下一個工作，你仍舊會逃跑。」

這句話有如當頭棒喝。最後，賴夫利選擇留下來，從此，每次在公司，當事情運作不順利，賴夫利就會坦然發言。因為他理解到，「只要願意說出來，願意下定決心去改變，就可以發揮影響力。」

認清你自己沒有的專長和特質，然後僱用這樣的人

——霍華德·舒爾茨（Howard Schultz，星巴克董事長）

霍華德·舒爾茨是星巴克創辦人，咖啡文化全球化的重要推動

者。在他心目中，華倫班尼斯南加州大學領導學院創辦人及教授，是他最崇拜的管理大師。

在 1980年末，有一次舒爾茨聽了班尼斯演講，深受感動。舒爾茨主動去認識他，從此，班尼斯成為舒爾茨信任的好友及人生導師。舒爾茨記得班尼斯說：「成為領導者的藝術，就是要能發展出一種能力，就是能把自己的自我丟在門外。然後，認清要建立起世界級一流公司，自己所沒有的專長和特質，去找到這樣的人才。」

這說起來容易，但是做起來很難。這麼多年來，舒爾茨努力信奉這樣的原則建立企業，成功創造了全球的星巴克文化。

當你談判的時候，留一些東西在談判桌上

——迪克·帕森斯（Dick Parsons，時代華納公司董事長和執行長）

帕森斯說：「我得到最好的忠告來自前執行長羅斯。」羅斯曾經告訴帕森斯：「迪克，永遠記住，這是一個長壽的小生意。你的客戶會持續上門，所以你要謹慎處理每一筆交易，每一筆小交易的印象，都有可能有大的影響。當你做生意的時候，不要把談判桌上所有的籌碼拿光，永遠要施一點小惠，讓大家開心。」

帕森斯說他進入這家公司以後，用過這個忠告超過 1000次。他發現很多人在談判桌上，都會被顧問、投資銀行家或是律師拖住，到最後談判變成拉鋸戰，看看誰能攫獲多一分一毫的利益。但是，大家往往忘記了，當談判案子結束，這些顧問、投資銀行家和律師就離開了，剩下的是必須未來還可能碰面的你和我。

當所有人都知道什麼東西是對的，事實上是沒有人知道任何事

——安迪·葛洛夫（Andy Grove，英特爾董事長）

葛洛夫得到最好的忠告來自他最敬愛的紐約市立大學教授史密特。史密特常常說，「當所有人都知道什麼事情怎樣時，就說明沒有人知道到底是怎麼回事」。這句話深深影響葛洛夫數十年。

40多年，葛洛夫研究集成電路。那時所有的人都以為可以透過製造晶體管的技術來理解集成電路的原理。但是大家卻忽視控制汙染雜質的技術才是集成電路製程的關鍵。葛洛夫投身研究，然後才開展了現在大家理解的芯片產業。

史密特教授的金玉良言不斷提醒葛洛夫，要在知識和事實的基礎上去做研究分析，不要只是聽信「大家都知道的結論」。

清楚地描繪未來

——柯蘭菲爾德（Klaus Kleinfeld，西門子執行長）

「每當你在一個新的職位，在你跳下去工作，陷入細節之前，先退後一步，閉上雙眼，仔細想想你到底希望在幾年以後，想達到什麼目標？你希望事情看起來如何？」這是柯蘭菲爾德一生中接受過的最好的忠告。

當時，柯蘭菲爾德才20出頭，這位友人已80多歲，只是一個受過訓練的建築工人，但他曾經在世界各地管理無數的建築工程。後來，柯蘭菲爾德擔任管理顧問，每當面對企業重整千頭萬緒的計劃時，他總是把別的事情放在一邊，與核心的幹部一起討論：「好吧。我們希望變成怎樣？」把事情想透徹，然後把人帶進來，這是柯蘭菲爾德受用無窮的忠告。

不要被自己過去的期望限制

——威菲克·保羅（Vivek Paul，Wipro科技公司董事長和執行長）

1999年，威菲克·保羅進入Wipro，當年營收只有1.5億美元。如今它已經是全球前十大的科技軟件公司。保羅聽過最好的忠告來自一個大象訓練師。有一次保羅在印度邦加洛附近的叢林裡騎大象，看見成年的大象只被用鏈條系在小小的木樁上。他問大象的訓練師：「你們怎麼能用這麼小的木樁拴住大象？」他回答：「當大象小的時候，他們想要拔起木樁，但是力氣不夠，拔不動，等到長大了，他們卻也不再嘗試去拔木樁。」這件事情讓保羅深刻反省，不要被過去的經驗束縛住。

三、歐美家族企業興旺不衰的秘密

近年來，在全球性的排名中，上榜的歐美家族企業年收益增加，而且業績斐然，為何國外家族企業能有如此優越的表現？這是個很值得探討的現象。

大多數人對家族企業的刻板印像是，家族制度為落後的企業制度，是跟現代企業不同類型的企業形態。但2003年底《美國商業週刊》（Business Week）和2004年《新聞週刊》（News Week）的研究報告中，公佈對家族企業與非家族企業營運業績的比較數據，兩份研究不約而同顯示出，家族企業的營運模式較為出色，研究結果讓人對以前家族企業的認識大為改觀。

家族企業業績優越

《美國商業週刊》以 2003年前 10年，根據S&P（標準普爾 500）美國年度排名前 500大公司為樣本，研究 500大企業的營運業績。而該研究對家族企業所下之定義為：家族企業創業者或家族成員仍持續擔任家族創設公司董事、決策經理階層或仍握有公司絕大部分股票者。

評估公司經營業績的指標，分別以股東年獲利、資產報酬率、公司年收益成長與公司年出售增長率四項要素做評估。在研究裡，發現有177家表現良好的公司為家族企業所經營，占整體家數的三分之一，這個結果確實更正了大家對家族企業的原有看法。

研究中顯示，家族企業股東平均年收益為15.6%，比非家族企業股東平均年收益 11.2%高出4.4%；在資產報酬率上，家族企業為5.4%，而非家族企業為4.1%；在公司年收益成長方面，家族企業為23.4%，非家族企業僅有10.8%；比較公司年營業額增長率，家族企業有21.1%，而非家族企業則有12.6%，相差8.5%；數據表現出家族企業的經營方法應有其特別之處，才能呈現如此成果。

此外，《新聞週刊》也以 10年為期，分析歐洲六大國家（英國、法國、德國、瑞士、義大利和西班牙）的主要股價指標，在六大指標裡，取樣從倫敦的FTSE指數到馬德里的 IBEX指數，同樣發現，歐洲家族企業的總體走勢遠優於無血脈關係的企業。如在德國家族企業裡，以 BMW為首，大漲206%，相對非家族企業僅是47%的增長，漲幅驚人；在法國，L』Oreal和 LVMH帶領家族企業指標增長203%，其他只成長76%。

家庭關懷特質滲入管理制度

全球有 80%以上的企業屬於家族企業，全球 500大企業中有37%由家族所擁有或經營，列於榜上的家族企業幾乎分佈於歐美地

區，上述的數據提供一個值得深思的問題，到底是什麼原因讓歐美家族企業表現優秀？

美國《金融雜誌》（Journal of Finance）的一項調查更顯示，美國家族企業的獲利水準和市場價值高於非家族企業，其原因在於結合所有權與經營權的家族企業，不僅重視股價的穩定性，更重視股東權益。而且在代代相傳的經營壓力下，多數家族企業所選定的繼承人都是優良且認真，跟要求巨額薪資報酬、分紅的專業經理人相比，家族內部派任的經理人更重視企業的經營質量及遠景規劃。

由此可見，家族企業不牴觸公司治理，強調的是股東權益的最大化原則，因此企業的成敗興衰，並不在於是否為家族企業的形態，關鍵在於企業經營者能否充分利用家族強大內聚力的優勢，來避開家族企業易掉入的權力爭鬥陷阱中。只要能夠避開權力鬥爭的內耗，家族企業的穩健操作更具競爭力。

近年來，西方有許多專家學者探討家族企業的成功之道，歸納出以下幾個因素。美國學者彼得·次特曼曾經在 1982年的研究中提出，家族企業往往有一股「強烈的文化」和其家族歷史背景有關，家族成員間存在著「親密關係」和「互相瞭解」，各成員深諳其他人的長處和短處，對未來有著高度的承諾和責任，也對公司抱持高度熱誠，家族利益和企業利益相一致，大家抱著一個共同的目標而努力，如此便構成了凝聚力和有效率的組織。

以義大利衣飾企業貝納通（Benetton）為例，董事長Luciano和弟妹四人各司其職——大妹 Giuliana為設計總監、Giberto掌管行政、最小的弟弟Carlo負責生產。儘管他們並沒取得任何大學學位，但在高度家族向心力的驅動下，讓貝納通從一家小公司，做到現今唯一在 100個國家設立分公司的國際知名大企業。

在家族成員共同的合作下，所形成的企業行為就會基於明確、

清晰的家庭價值觀，在企業內作為督導事業經營和日後發展的基礎。而這些價值觀，主要是強調管理和產品質量、員工照顧、長期目標、關心客戶等，這些觀念都與追求企業成長和理想有著密切關係。

另外，家族企業通常對永續經營有著強烈的願望，創辦人及其繼承人都會注意財務的操作，以持續家族企業的運作。對於家族企業成員而言，建立與續保財富是確保家族企業欣欣向榮的不二法門。只要這些特質往正面方向發展，都是非家族企業的經理階層難望其項背的。

長期相處自然默契

當然，家族企業最特別之處是，其企業形式有了快速決策的機制，因為內聚力和機動性，讓家族企業的成員在最短時效內可以決定，對公司營運方針和策略的制定，付諸行動，相較於需要層層上呈的官僚組織，更有效率。因為家族董事成員經年相處，更能真正交流企業內部管理的經驗。因此，有些企業，家族成員分別占據了董事席次與經理階層，在必須立即解決的問題上，通常具有高度的共識。

另外，其成功要素是，年幼的成員自小便耳濡目染。由於新一代家族企業成員，在小時候便受其父兄輩經營風範潛移默化的影響，在這樣的環境熏陶裡，自然長大後經過一段時間的經營學習，便能快速地進入狀態，駕輕就熟地掌握公司的營運，甚至有的家族企業接班人在青少年時期就開始接觸公司事務，其所累積的經驗是非家族企業的經理人不能相比的。

於 2002 年併購 AT&T 的有線電視公司 Comcast 現任執行長布賴恩·羅伯特，自小便跟從父親學習如何經營企業，羅伯特不僅習

得其父精明的經營方式，在 AT&T的併購案中，也承襲了其父冷酷的談判風格，成功入主AT&T的經營權，Comcast的排名因此能從第三躍升至第一位，自小的家學淵源助他成功。

仍需有與時俱進的觀念

儘管家族企業存在眾多的優勢，是非家族企業所沒有的，但這份優勢並非必然存在。銘傳大學法律系副教授李禮仲指出，從獲利最佳的百大企業中來看，只要家族企業能掌握市場最新動態，做到不斷創新，像是經常更新產品樣態、提升技術層次與強化客戶服務等，即使是百年老店，也能像沃爾瑪百貨般在市場中展現其高度競爭力。反之，家族企業若一成不變，也不隨市場的進化而應對，則會被市場淘汰。像美國的百貨連鎖業，常因為繼承人對市場欠缺敏銳性，以致淹沒於商場競爭的洪流中。

即使是家族企業也要與時代並進，隨時代進行市場策略改變。如何將家族企業經營得好，並善用這種企業形態的特性，就要看領導人的智慧了。

後　記

　　前些時日，劉曉荻向中國薦稿網自薦一些經管類稿件。也就在此期間，我陸續聽了一些成功企業家的演講報告，對經管類稿件開始注意。從稿件和企業家的演講中，我感覺他們都談到了事業非一帆風順，失敗相伴成功，甚至有過巨大失敗的經歷。這讓我思索：沒有失敗的經歷，不能入流中國優秀企業家隊列嗎？我想要編一本介紹如何打造成功企業的書，以幫他人獲得啟迪借鑑。

　　人心所向，其實誰都不喜歡失敗。不成功，肯定逃脫不了失敗的厄運，如若失敗有規律可循，把規律找出來就是件很有社會意義的事情。我要將一本一眼全觀、條理清晰、中國企業家可借鑑的資料拿出來，讓大家儘可能地降低「成功的成本」。出於這種考慮，在細讀劉曉荻散稿的同時，按我的思路分門別類，編選「企業成功的秘訣」。我願讀者在體會他人成功或失敗的時候，借鑑他山之石，利於自己抓住機遇更容易地邁向成功之路。哪怕，最終這本書僅幫助了一個人，努力也不算白費。

　　雖然我是中國薦稿網的編輯，可一個人能力終究有限，劉曉荻的散稿構不成書的框架，我只能求助於工作的同事。感謝他們積極地為我透過多渠道蒐集相關資料和所做的其他工作。很短的時間，埋頭於70多萬字的資料中，終於編選出精華部分，集於一冊。在此，我向我的同事深表誠謝。本書參考了一些已發表的文章及網站上的公開資料，對有確切來源的，力求一一註明。於此，向原作者表示謝忱。我還要感謝我的妻子，是她給我提供一個良好舒適的空間，併作了很多本該我做的工作。

　　由於劉曉荻身體欠安，後續的編選工作，以至成書，由我來完

成。由於選編工作時間緊，書中的疏漏粗淺之處，懇請讀者批評指正。

雪 青

打造成功企業的秘訣

作　者：劉曉荻、雪青 編著

發行人：黃振庭

出版者：崧博出版事業有限公司

發行者：崧燁文化事業有限公司

E-mail：sonbookservice@gmail.com

粉絲頁　　　　　　網　址

地　　址：台北市中正區重慶南路一段六十一號八樓 815 室

8F.-815, No.61, Sec. 1, Chongqing S. Rd., Zhongzheng
Dist., Taipei City 100, Taiwan (R.O.C.)

電　話：(02)2370-3310　傳　真：(02) 2370-3210

總經銷：紅螞蟻圖書有限公司　　網　址

地　　址：台北市內湖區舊宗路二段 121 巷 19 號

電　話：02-2795-3656　　傳　真：02-2795-4100

印　刷：京峯彩色印刷有限公司（京峰數位）

定　價：300 元

發行日期：2018 年 8 月第一版

◎ 本書以POD印製發行